GIANT PANDA

低海拔地区（上海）大熊猫母幼饲养管理研究

周应敏　吴　锋　王　磊　王爱善／著

四川大學出版社
SICHUAN UNIVERSITY PRESS

图书在版编目（CIP）数据

低海拔地区（上海）大熊猫母幼饲养管理研究 / 周应敏等著. — 成都 : 四川大学出版社, 2022.12
ISBN 978-7-5690-5927-4

Ⅰ. ①低… Ⅱ. ①周… Ⅲ. ①大熊猫－饲养管理－研究－上海 Ⅳ. ①S865.3

中国国家版本馆 CIP 数据核字（2023）第 016458 号

书　　名：低海拔地区（上海）大熊猫母幼饲养管理研究
Di Haiba Diqu (Shanghai) Daxiongmao Muyou Siyang Guanli Yanjiu
著　　者：周应敏　吴　锋　王　磊　王爱善

选题策划：曾　鑫
责任编辑：曾　鑫
责任校对：孙滨蓉
装帧设计：墨创文化
封面创意：张　苹　康　燕
责任印制：王　炜

出版发行：四川大学出版社有限责任公司
地址：成都市一环路南一段 24 号（610065）
电话：（028）85408311（发行部）、85400276（总编室）
电子邮箱：scupress@vip.163.com
网址：https://press.scu.edu.cn
印前制作：四川胜翔数码印务设计有限公司
印刷装订：成都市新都华兴印务有限公司

成品尺寸：185mm×260mm
印　　张：11.25
插　　页：4
字　　数：278 千字

版　　次：2023 年 5 月 第 1 版
印　　次：2023 年 5 月 第 1 次印刷
定　　价：56.00 元

扫码获取数字资源

四川大学出版社
微信公众号

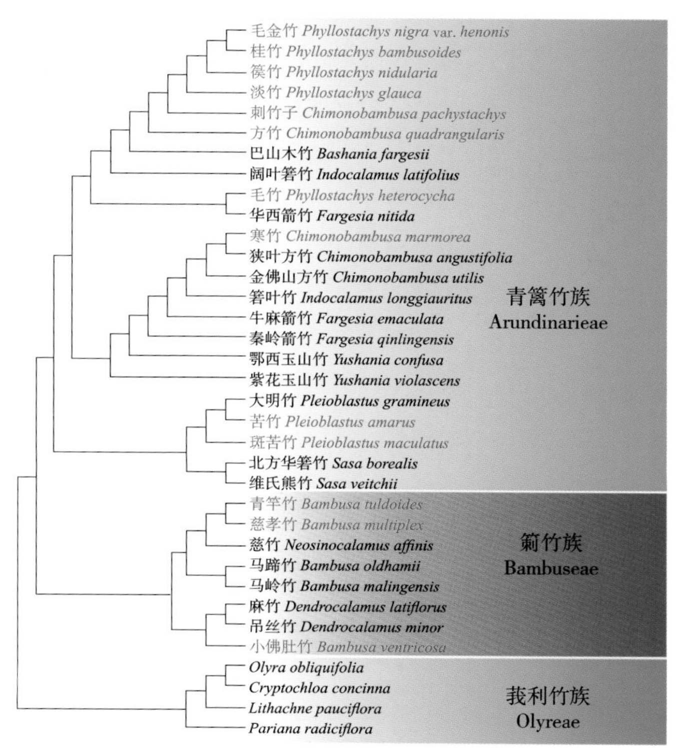

图1　基于叶绿体基因*matK*和*ndhf*序列构建的本研究采集竹种（红色表示）与竹亚科其他物种之间的系统发育关系

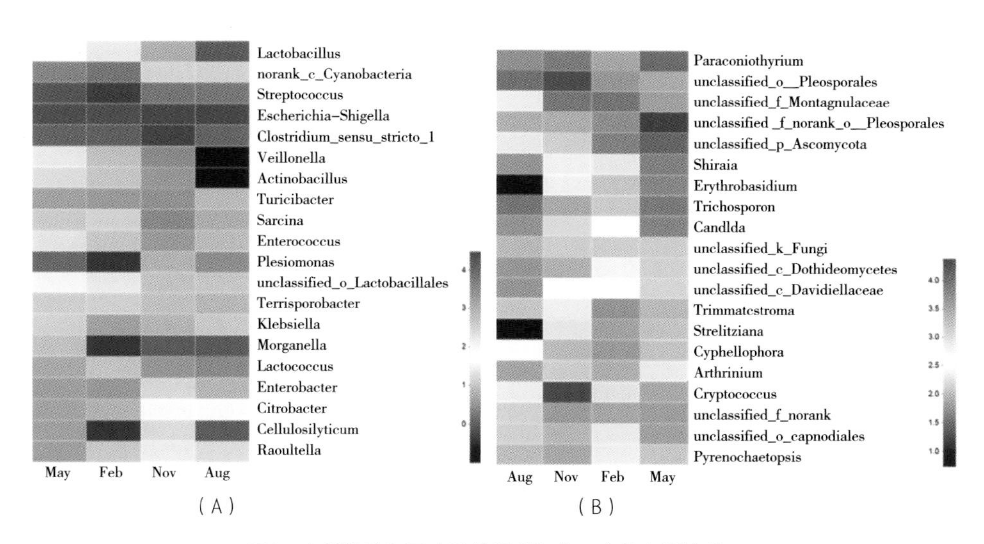

图2　大熊猫幼仔属水平的肠道细菌、真菌多样性结果

注：（A）为细菌多样性结果，（B）为真菌多样性结果。

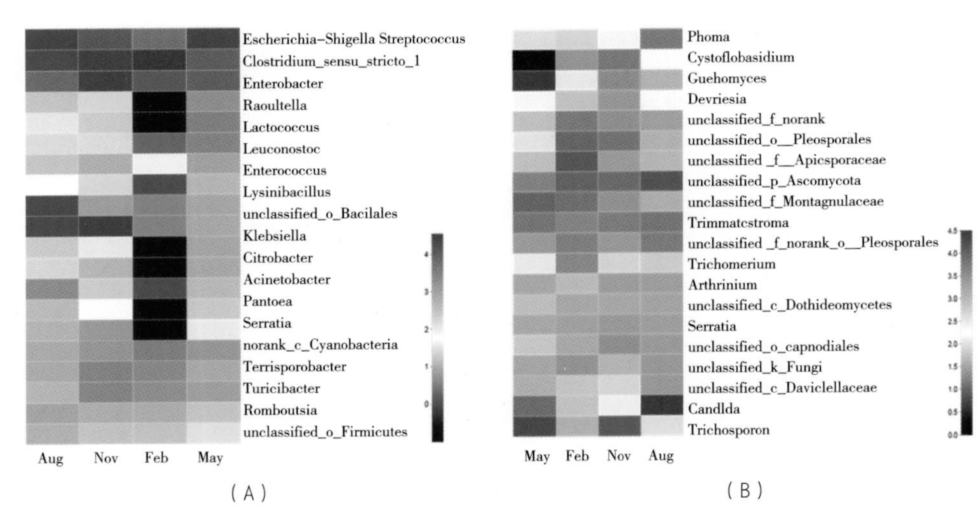

（A）　　　　（B）

图3　亚成体大熊猫属水平的肠道细菌、真菌多样性结果

注：（A）为细菌多样性结果，（B）为真菌多样性结果。

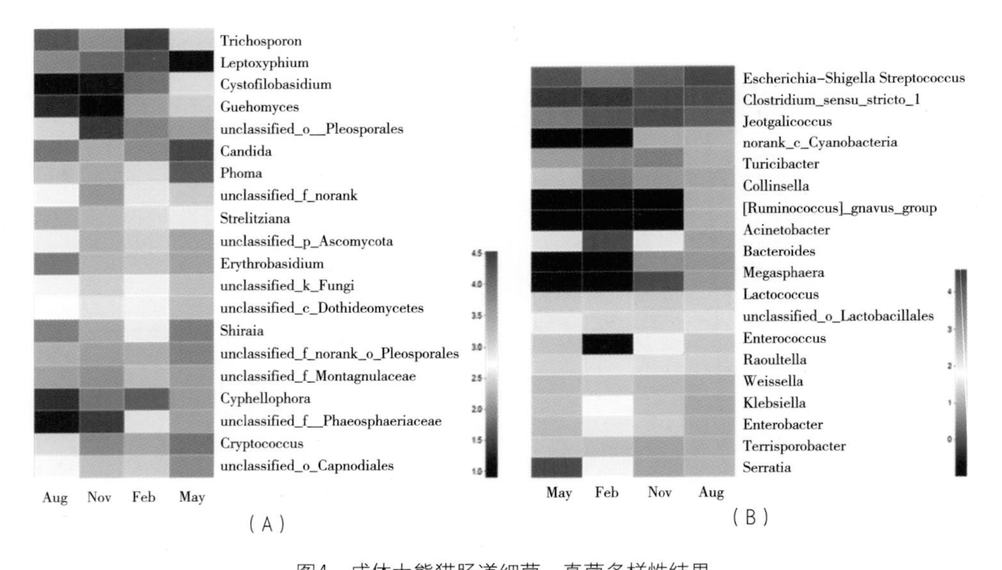

（A）　　　　（B）

图4　成体大熊猫肠道细菌、真菌多样性结果

注：（A）为细菌多样性结果，（B）为真菌多样性结果。

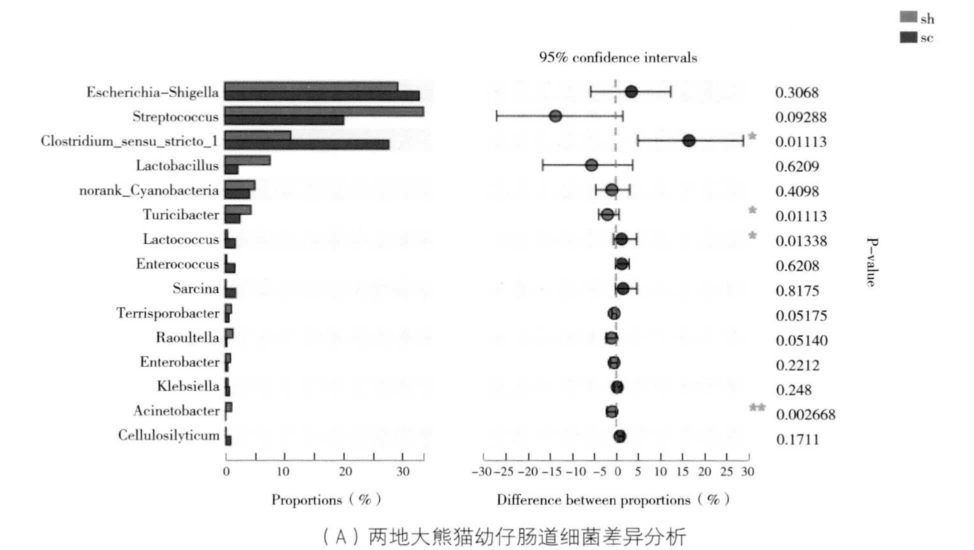

（A）两地大熊猫幼仔肠道细菌差异分析

注：（A）■上海幼仔大熊猫个体肠道优势细菌年平均丰度，■四川幼仔大熊猫个体肠道优势细菌年平均丰度

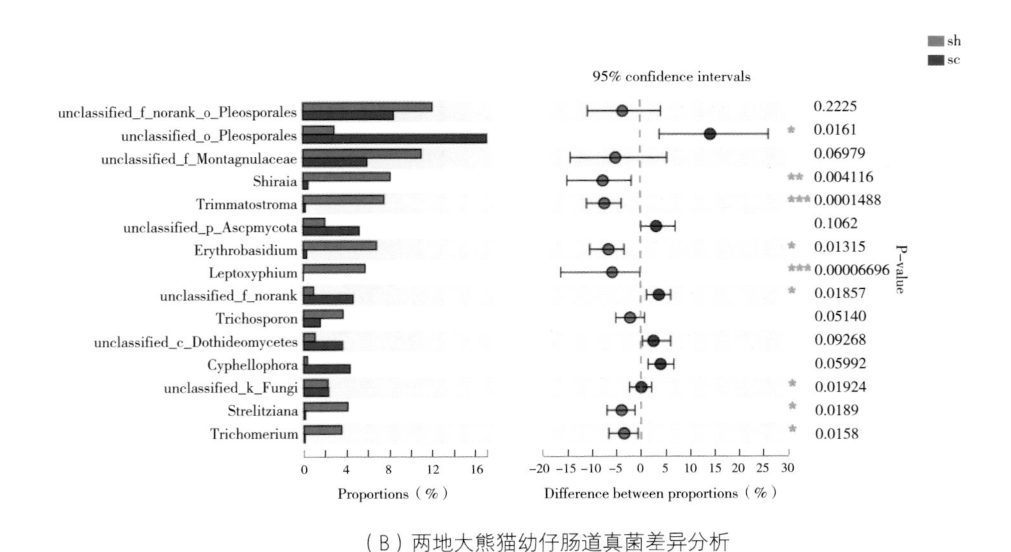

（B）两地大熊猫幼仔肠道真菌差异分析

注：（B）■上海幼仔大熊猫个体肠道优势真菌年平均丰度，■四川幼仔大熊猫个体肠道优势真菌年平均丰度

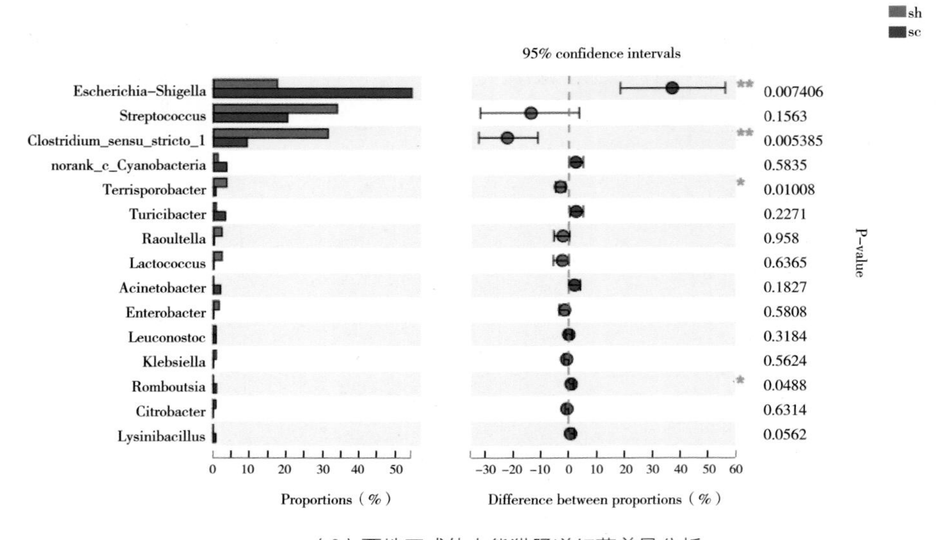

（C）两地亚成体大熊猫肠道细菌差异分析

注：（C）■上海亚成体大熊猫个体肠道优势细菌年平均丰度，■四川亚成体大熊猫个体肠道优势细菌年平均丰度

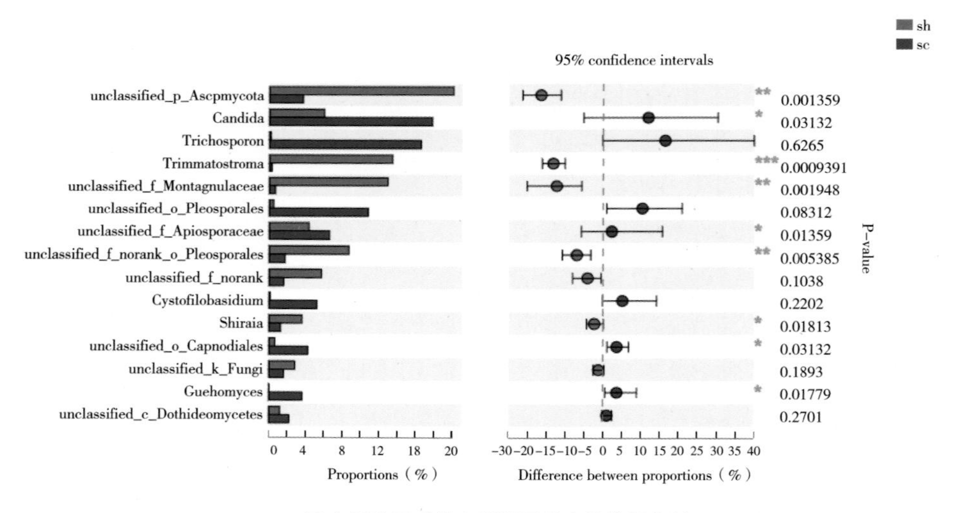

（D）两地亚成体大熊猫肠道真菌差异分析

注：（D）■上海亚成体大熊猫个体肠道优势真菌年平均丰度，■四川亚成体大熊猫个体肠道优势真菌年平均丰度

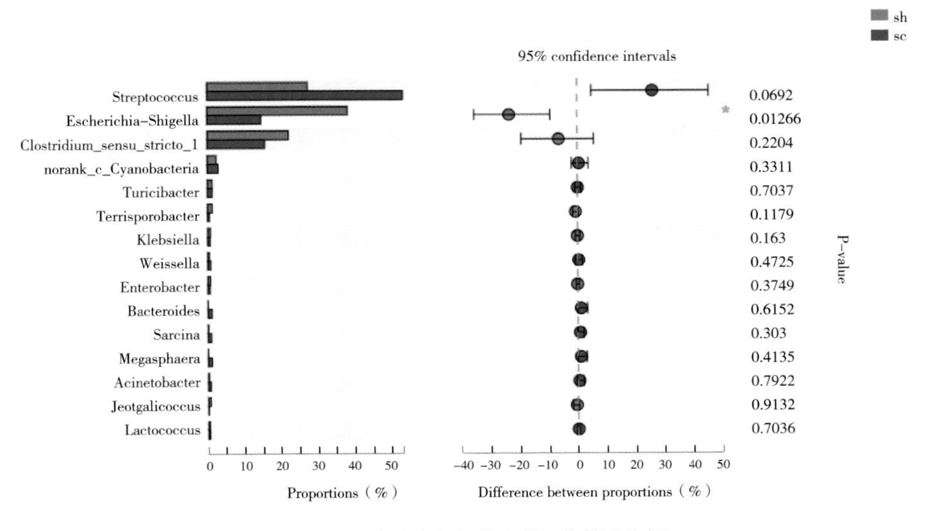

（E）两地成体大熊猫肠道细菌差异分析

注：（E）■上海成体大熊猫个体肠道优势细菌年平均丰度，■四川成体大熊猫个体肠道优势细菌年平均丰度

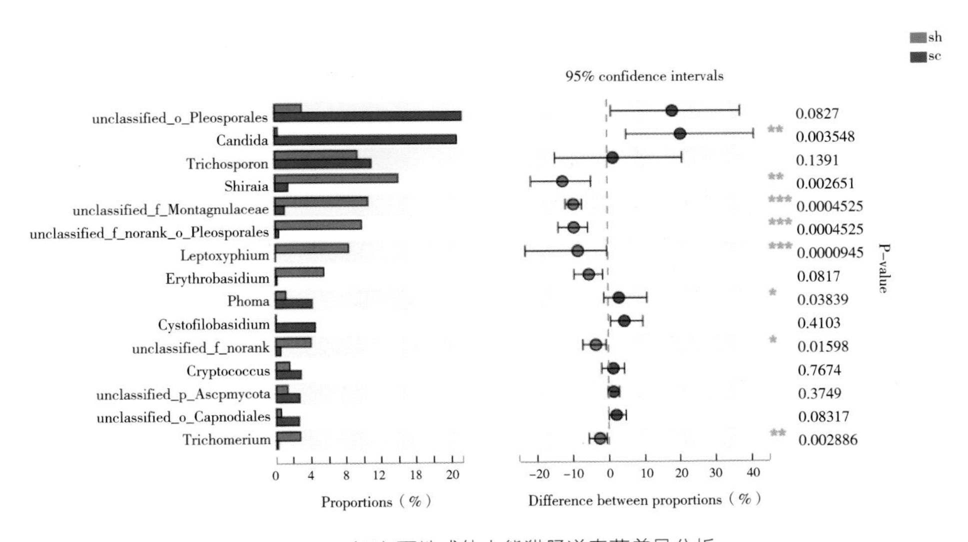

（F）两地成体大熊猫肠道真菌差异分析

注：（F）■上海成体大熊猫个体肠道优势真菌年平均丰度，■四川成体大熊猫个体肠道优势真菌年平均丰度。

图5　两地幼仔、亚成体、成体大熊猫肠道优势细菌、真菌丰度比较结果

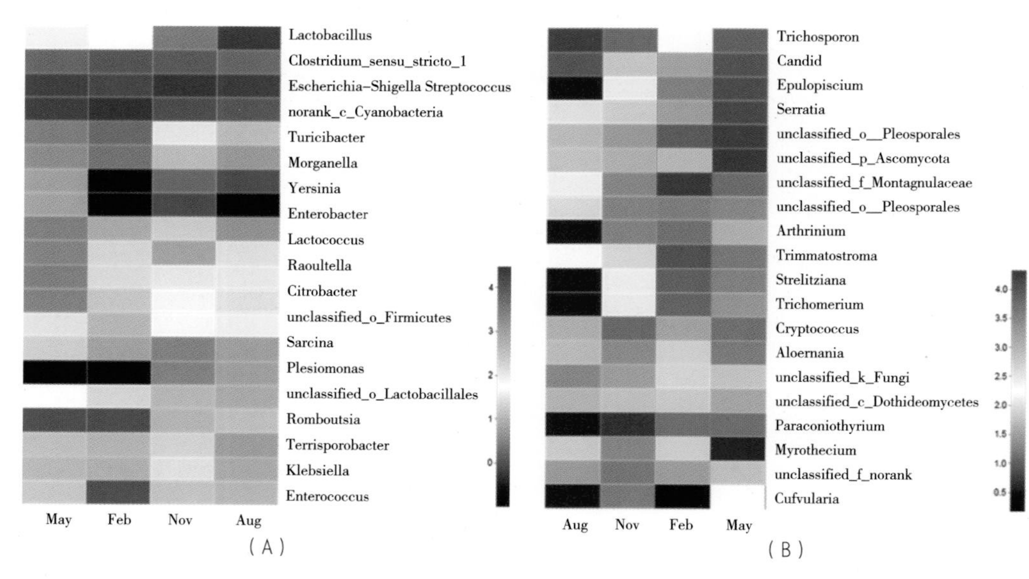

图6 上海大熊猫幼仔食物转化阶段肠道微生物结构

注：（A）属水平的细菌结构；（B）属水平的真菌结构。

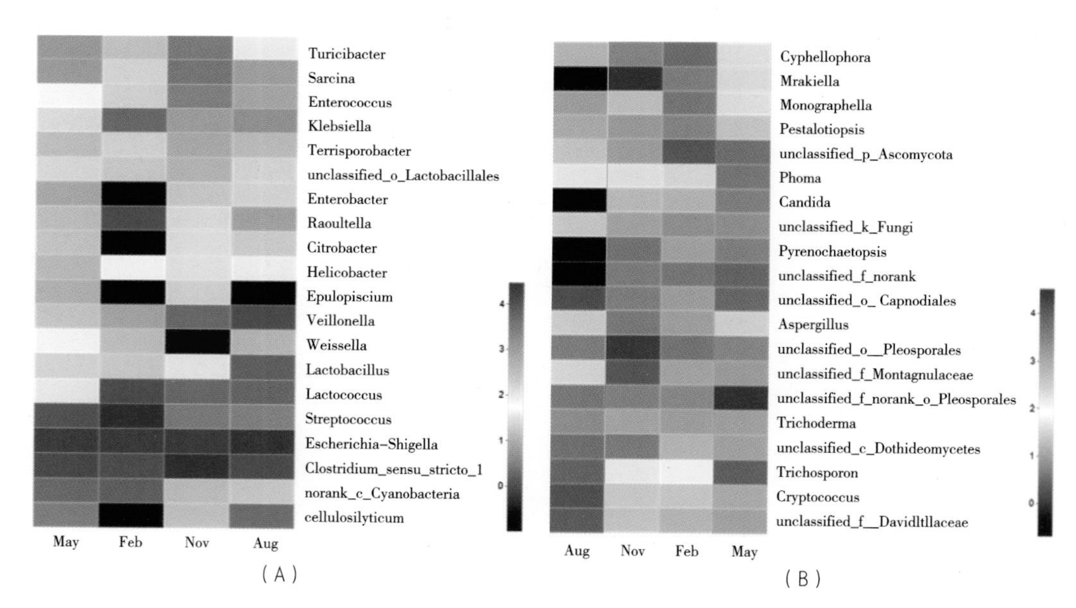

图7 四川大熊猫幼仔食物转化阶段肠道微生物多样性

注：（A）属水平的细菌组成；（B）属水平的真菌组成。

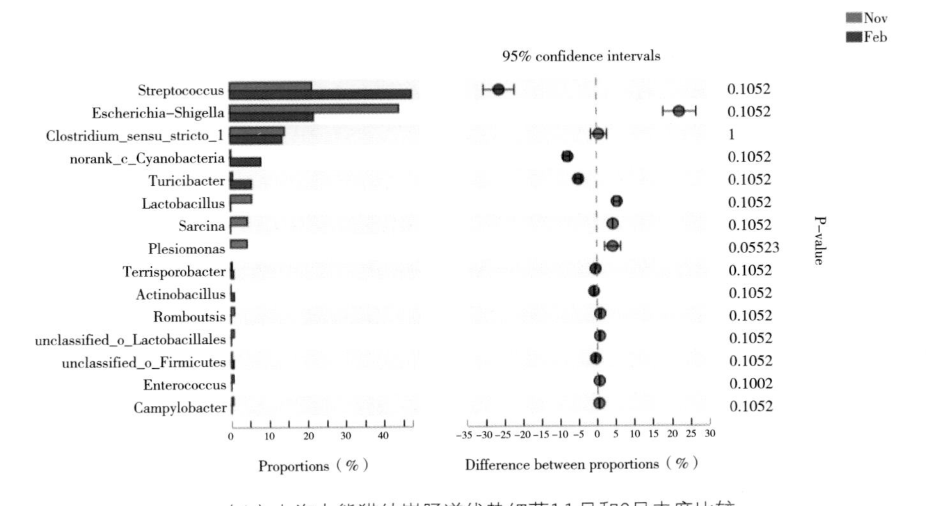

（A）上海大熊猫幼崽肠道优势细菌11月和2月丰度比较

注：（A）上海幼仔肠道优势细菌11月和次年2月丰度比较。■表示上海个体，■表示四川个体。

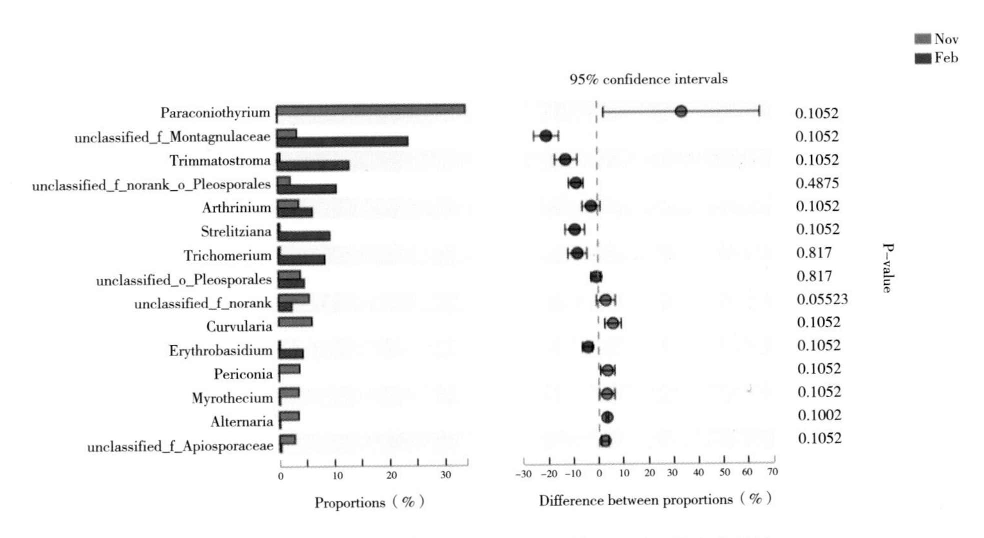

（B）上海大熊猫幼崽肠道优势真菌11月和2月丰度比较

注：（B）上海幼仔肠道优势真菌11月和次年2月丰度比较。■表示上海个体，■表示四川个体。

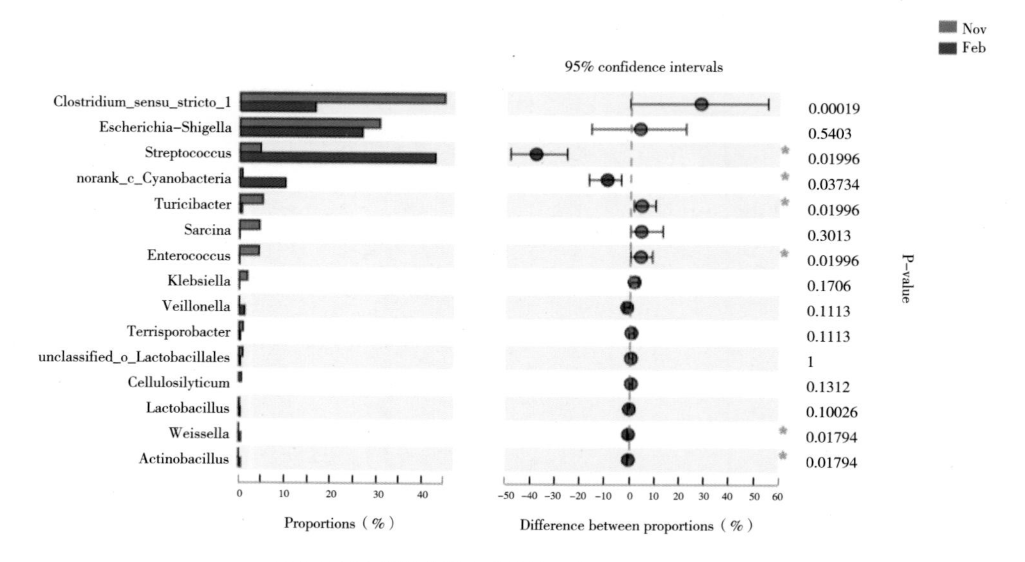

（C）四川大熊猫幼崽肠道优势细菌11月和2月丰度比较

注：（C）四川幼仔肠道优势细菌11月和次年2月丰度比较。■表示上海个体，■表示四川个体。

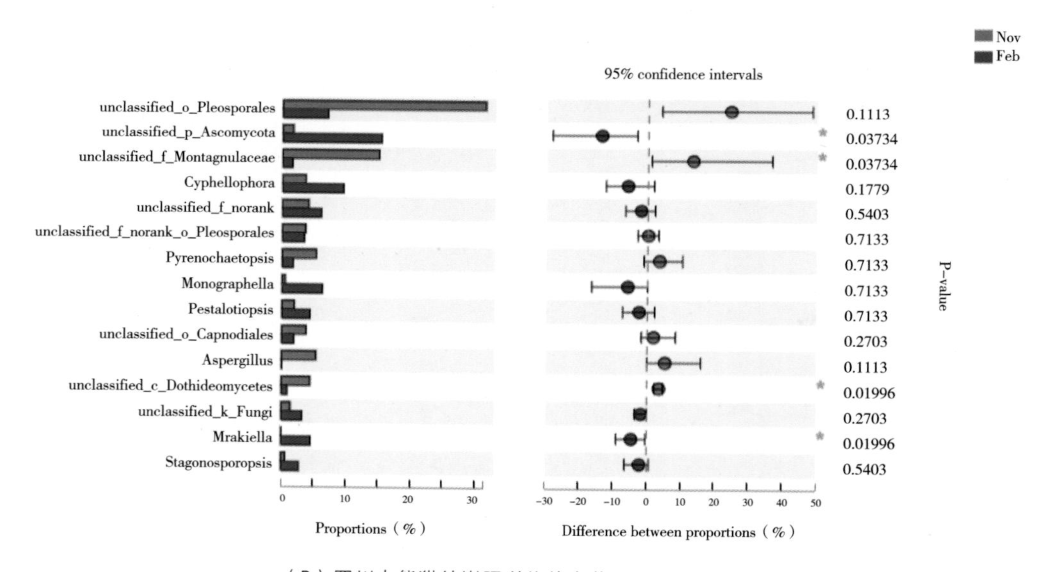

（D）四川大熊猫幼崽肠道优势真菌11月和2月丰度比较

注：（D）四川幼仔肠道优势真菌11月和次年2月丰度比较。■表示上海个体，■表示四川个体。

图8　两地大熊猫幼仔11月和2月肠道优势细菌、真菌丰度结果

编著委员会

主　　编： 李德生　吴　锋　王　磊　裴恩乐

编著主任： 周应敏　吴　锋　王　磊　王爱善

编　　委： 黄　炎　褚青坡　付小花　张　姝
杨海迪　俞锦华　詹明晔　袁耀华
罗　波　孙　强　刘群秀　谢春雨
曾　文　徐春忠　张　鑫

撰　　文： 周应敏　吴　锋　王　磊　王爱善
詹明晔　褚青坡

摄　　影： 谢春雨　徐春忠

封面摄影： 薛　康

序

大熊猫已在地球上生存了至少800万年，是世界生物多样性保护的旗舰物种。随着历史的变迁，大熊猫分布的海拔范围曾不断拓展，小种大熊猫分布的海拔范围是54 m～1552 m，大熊猫巴氏亚种分布的海拔范围是4 m～2435 m，现生大熊猫历史记录地点分布的海拔范围是20 m～4298 m。但因近代以来人类活动的扩大，使大熊猫适宜的栖息地迅速缩减，百余年间，现存大熊猫已仅限于今陕西南部、甘肃南部、四川中西部一带。总体而言，大熊猫家族分布区从北、东、南三方向向西退缩。

始建于四川卧龙国家级自然保护区的中国大熊猫保护研究中心（前中国保护大熊猫研究中心）自1983年启动了大熊猫迁地保护工作，在大熊猫人工圈养条件下繁育成活大熊猫420只，取得世界瞩目的成绩。2014年前后中国大熊猫保护研究中心在现生大熊猫历史分布点的上海、广州两个低海拔地区建立基地，开始对低海拔地区大熊猫的饲养及繁育进行探索研究。2016—2021年上海基地成功繁育大熊猫幼崽6只，广州基地繁育成活10仔，其中包括世界首例成活大熊猫三胞胎一例。

中国大熊猫保护研究中心、上海野生动物园发展有限公司、同济大学、上海动物园针对上海地区大熊猫母兽及幼崽的饲养管理共同开展相关研究，在此基础上结合中国大熊猫保护研究中心及所属相关基地的饲养管理研究成果，编著本书。本书从上海地区的大熊猫孕期饲养管理、竹种营养成分分析、母幼行为及幼崽生长发育对比研究、肠道酶活性及微生物结构演变等方面阐述了上海地区大熊猫母兽及幼崽在低海拔生存环境下其生长发育、营养、行为等方面

是否具有相应特异性及其在饲养管理方面的各种变化，为低海拔地区大熊猫饲养管理提供科学参考依据，同时也为进一步完善全国范围内的大熊猫饲养管理技术奠定基础。

本书涉及多个学科，作者比较多，分写的板块和内容也不尽相同，编著时难免有疏漏和不足之处，敬请指正。

编著者

前　言

大熊猫（*Ailuropoda melanoleuca*）是我国特有的珍稀濒危野生动物之一，素有“国宝”和“活化石”之称，是大自然赋予人类的宝贵资源和遗产，具有较高的科研及观赏价值，深受世界各国人民的喜爱。由于生态环境持续恶化，以及人类经济社会活动的影响，严重威胁着大熊猫的生存环境，引起了中国政府的高度重视和国际社会的普遍关注。1962年国家将大熊猫定为国家一级重点保护野生动物，并进行了一系列野生和异地保护的研究工作，取得了巨大的成绩。大熊猫是四纪冰川以来的“活化石”，具有极其重要的生物学研究价值，大熊猫的生物学特性，至今尚存在着许多未解之谜。

中国大熊猫保护研究中心（前中国保护大熊猫研究中心）成立以来，开展了野生大熊猫及其栖息地、圈养大熊猫饲养繁殖、疾病防治、野外抢救、野化培训与野外放归等多领域的科学研究工作，成功攻克了大熊猫繁殖上“发情难、配种受孕难、育幼存活难”的三大世界性难题。拥有世界上规模最大的大熊猫圈养种群，至2021年12月大熊猫种群数量已发展到了364只，是大熊猫保护与研究领域的成功典范，竖立了野生动物保护的一面旗帜。但是大熊猫栖息地仍受次生地质灾害的影响，以及面临一些传染性疾病不可控因素的威胁。国家林业和草原局计划在中国大熊猫保护研究中心的基础上，拟在全国增加基地数量，以增强各种抗风险的能力。上海基地建成后，将以大熊猫保护与科学研究为中心，提升大熊猫保护的科学研究水平，发展以大熊猫为中心的环境保护教育项目，全面推进保护区社会、经济、文化与自然保护协调发展。

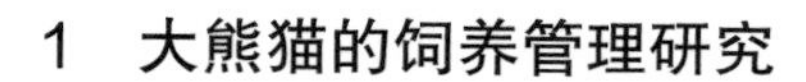

1 大熊猫的饲养管理研究

从生存环境方面来讲，大熊猫从大熊猫—剑齿象动物群中成为“活化石”保存至今，必须具有适应环境的生理特性。大熊猫的生理特性表现出高度特化，不仅从食肉动物的杂食性特化为植食性——主食竹子，而且其生殖行为和繁殖能力的特化上——发情难、配种受孕难、育幼成活难。这种高度特化是大熊猫为适应野外生存环境的必然选择，因此大熊猫对环境的依赖性较强。这种特化可能对其自身造成不利威胁，一旦环境恶化或改变，便不易适应变化的环境，从而走向濒危境地。

从消化道结构方面来讲，大熊猫属食肉目动物，具有典型食肉动物的消化系统结构，消化道短，单胃，没有盲肠；但它们已高度特化成以竹类植物性食物为生的动物。为适应高纤维的食物，它们又形成了与食竹相适应的消化生理特点，在其整个消化道内膜上，都分布有丰富的黏液腺。粘液腺分泌粘液对加固粪团成形，减少粗纤维对肠壁机械损伤而起到保护作用。大熊猫排粘是适应食竹特性所具有的正常生理现象。

由于大熊猫胃肠道短，食物经过胃肠道时间较短，肠道内消化纤维素的细菌和酶很少等，因此其消化器官和消化酶仍然保留肉食动物的特点。对竹子的消化利用率很低，难以消化竹子中的粗纤维素，除了能够消化吸收竹子细胞内含物质外，只能利用部分半纤维素。然而，竹子的大部分是不能消化的纤维素和木质素，在采食过程中，大熊猫常常将竹茎一节一节地咬断，但没有将其完全咀嚼和咬碎，成段的竹茎经过大熊猫消化道后被排出，几乎仍保留着原来的形状和大小。这种独一无二的消化营养方式，无论是食肉动物还是草食类动物都很难见到。竹子是一类纤维含量高而营养价值低的食物，为了维持正常的生长发育和繁殖，大熊猫具备多吃多排，选食优竹，不冬眠以及少运动、少消耗等特点。以往的研究结果表明活动空间大小对于大熊猫的发情行为存在较显著的影响。在较大活动空间的个体发情行为表现的频率显著高于较小空间的个体，建立圈养大熊猫半自然散放环境，为圈养大熊猫提供接近于自然环境的活动场，保持自然生态环境并扩大其活动空间。同时进行圈养环境富集，提供一些物体或装置来丰富大熊猫的生活环境，如可以玩耍的塑料物体、装满干草的麻袋、冻有苹果的冰块和内藏食物的竹筒等。喂食方面，采用不定时、不定量及不定点的饲喂方法，以减少喂食前的期待行为。以往的研究多集中在摸索适应大熊猫生存的圈养模式以及良好的营养水平。

本研究在前人研究基础上，结合低海拔地区环境特点，对雌性大熊猫繁殖期间饲养管理上存在的问题进行总结分析，探讨出低海拔地区大熊猫的最佳圈养环境，尤其是雌性大熊猫繁殖期间的生活环境；为确保满足繁殖期大熊猫的营养需求，需对低海拔地区大熊猫所食竹子种类以及营养成分进行分析；根据低海拔地区气候特点以及大熊猫繁殖特征，探索大熊猫发情时间，影响发情时间及持续时间的因素，并对比栖息地研究是否存在差异，从而探索出低海拔地区适宜大熊猫生存的饲养管理技术。为大熊猫在低海拔地健康生存繁衍提供科技保障，进一步确保大熊猫种群的再扩大。

2 大熊猫人工育幼研究

在野外，大熊猫幼仔出生后的一周，大熊猫母兽最辛苦。它不吃不喝，将幼仔抱在胸前，即使变换姿势，也不放下。大熊猫母兽每天要喂十几次奶，并不时地用舌头舔舐幼仔的腹部、胸部和肛门，以促进和保证幼仔汗腺分泌和大小便通畅。20多天后，幼仔的毛已长齐。40多天后，幼仔的眼睛完全睁开。20世纪90年代圈养大熊猫幼仔的成活率非常低。初产的大熊猫母兽有的因缺乏经验误伤自己的幼仔，有的缺乏母性行为，遗弃幼仔。如果一只大熊猫母兽产下了一对双胞胎，较常见的是抚育一只，遗弃一只。如果大熊猫母兽无力抚育的幼仔均能人工成功育活，就能够大大提高圈养大熊猫的繁育率，扩大圈养大熊猫的种群，于是人们开始对人工育幼大熊猫技术进行探索。随着科研人员对大熊猫育幼行为的认识越来越深刻，大熊猫人工育幼领域也创下了辉煌和奇迹，人工育幼技术逐渐成熟。随着“三难”的解决，人工乳的研究也有了新进

展，大熊猫人工育幼的研究形成了全方位、多学科立体格局。但远离栖息地，在低海拔地区的大熊猫人工育幼技术尚处在探索阶段。

至2021年中国大熊猫保护研究中心上海基地已成功繁殖了6头大熊猫幼崽。上海处于典型的低海拔地区，其大气压、空气氧含量以及作为大熊猫主要食物的竹子的类型和营养成分都有异于处于高海拔地区的雅安基地。因此，大熊猫幼崽在低海拔地区的发育情况可能有别于高海拔地区。食物的消化吸收是决定熊猫发育状况的重要因素，其和食物结构与组成以及肠道微生物的结构和功能密切相关。在高海拔地区研究的基础上，对低海拔地区大熊猫幼仔进行全面观察，人工育幼的环境温湿度指标、大熊猫幼崽的健康情况进行监测，对比低海拔地区不同育幼方式对幼崽生长发育的影响；比较纯人工育幼、人工喂养与母兽育幼相结合、母兽育幼这几种育幼方式对幼崽生长发育方面的影响；分析低海拔地区竹子的营养成分的基础上，结合大熊猫粪便的性质与成分，研究大熊猫幼崽发育过程中的营养吸收效率及易吸收成分（针对亚成体）；分析幼崽发育过程中肠道微生物活性与结构的变化规律，结合粪便的性质和消化吸收效率，研究肠道微生物活性和结构与食物消化吸收的相关性，并进一步探索肠道微生物结构与活性与发育情况的相互关系，乃至对异常生长情况的快速指示和预警。

3　雌性大熊猫繁殖期行为研究

动物可以根据周围环境的变化及自身的生理状况来调整行为，从而形成特定条件下的时间分配及活动节律模式。因此，动物活动时间分配是其对环境条件的一种适应，并受遗传、食物能量、性别和繁殖状况等因素影响。动物昼夜活动节律是对各种条件变化的一种周期性的适应，既包括对光、温度、湿度等非生物条件的适应，也包括对食物、种内社群关系和天敌等生物条件的适应。动物的活动节律是动物行为学中的一个重要内容，它主要研究动物在不同季节、不同时间的活动强度及变化规律。影响动物活动节律的因素很多，如光周期的影响、太阳辐射、温度、生境质量、动物内在生理机制及身体状况、食物丰富度和人类活动等。

动物昼夜活动时间分配对其繁殖有着深远影响。了解和掌握大熊猫的行为模式，是对其进行科学研究和保护的重要前提。野外研究表明，野生大熊猫年平均每天有57%～60%的时间在活动，且在一年四季表现出不同的日活动节律。大熊猫昼夜有2个活动高峰，活动率约60%，且亚成年雌、雄个体的年平均活动率没有显著差异。此外，这种节律受到太阳辐射、温度等因子以及自身繁殖状况的影响。若温度、太阳辐射、光照周期发生变化，则大熊猫的行为模式也会发生相应的变化。

发情期是动物最重要的一个生命时期，其行为特征与其他生命时期的行为是有差异的。每种动物在发情期都有其最适的时间分配，且相对较短，因此，该时期相应的各种行为变化及时间分配将对其种群繁衍产生重要影响。妊娠期作为动物最重要的繁殖期之一，该行为可能有其重要生理特征和功能。妊娠对于母体而言是一种巨大的能量投资，若在个体怀孕（或产仔）时发生母体营养状态欠佳或环境温度及食物状况恶劣等不利因素，将对母体的能量投资造成不必要的风险。同时，妊娠期行为的判断往往基于饲养管理人员的主观经验，且需要投入大量的人力和物力。因此，妊娠期行为变化和活动节律的研究同样对动物的繁殖有积极意义。

在哺乳期，大熊猫母兽因护仔等母性行为的驱动，攻击性较强，对环境的干扰尤其是陌生气味的刺激和人为干扰等反应敏感而强烈，轻微的环境变化会导致大熊猫母兽弃巢、弃仔，从而造成幼仔死亡。在圈养条件下，当外界干扰较大时，哺乳期大熊猫母兽会表现得焦躁不安，常叼仔走动、抱仔转身，幼仔掉落地面的频率明显增加，从而导致幼仔的受伤率和死亡率增加。因此了解大熊猫育幼期行为变化，对大熊猫幼仔的成活具有重要的意义。

低海拔地区，温度、光照周期等均与大熊猫栖息地存在差异，可能会对大熊猫繁殖期行为产生一定影响。因此对低海拔地区大熊猫繁殖期前后行为进行观察研究，既有利于确定低海拔地区大熊猫的发情期，又有利于制定大熊猫的保护管理措施。

4 大熊猫可食用竹类与大熊猫粪便的营养成分研究

竹类（Bamboos）是隶属于单子叶植物纲（Monocotyledoneae），禾本目（Graminales）禾本科（Poaceae）竹亚科（Bambusoideae）植物类群的总称。竹亚科（Bambusoideae）包括3族，即温带木本竹子分支青篱竹族（Arundinarieae）、热带木本竹子分支莿竹族（Bambuseae）与草本竹子分支莪利竹族（Olyreae）。我国是世界竹类植物资源最为丰富的国家，也是世界主要产竹国之一，还是世界竹子分布中心和起源中心，有39属509种。其中，大熊猫主食竹类有13属94种，主要隶属于青篱竹族与莿竹族。野生大熊猫分布区西南山区大熊猫主食竹类代表属为寒竹属（Chimonobambusa）、箭竹属（Fargesia）、筇竹属（Qiongzhuea）、玉山竹属（Yusgania）和慈竹属（Neosinocalamus），而上海及周边地区大熊猫主食竹类代表属是刚竹属（Phyllostachys）和大明竹属（Pleioblastus）。

野生大熊猫目前仅分布在四川西部、陕西秦岭南坡和甘肃南部岷山摩天岭北坡地区，生活在这些地区的大熊猫采食的竹类物种也有所差异。野生环境中，大熊猫主食属于青篱竹族的箭竹属、巴山木竹属、玉山竹属、刚竹属与寒竹属的竹子；圈养环境下，主要投喂属于青篱竹族的刚竹属与寒竹属的竹子。大熊猫春季发情配种，秋季产仔育幼。野生环境中，大熊猫在这两个繁殖活动的季节迁移采食与各种竹类植物发笋的时间吻合，表明竹笋是大熊猫季节性移动的直接原因。另有研究表明竹类植物的营养质量是影响大熊猫迁移取食的根本原因，大熊猫的季节性食物转换是为了满足其自身对于一些重要营养物质的均衡吸收。

科学合理的食谱制定，是保证大熊猫健康生长、发育和繁衍的基础。营养不良、营养过剩、食物种类单一、精粗料比例搭配不协调等均会影响大熊猫的健康状况和自然交配能力。处于不同生活时期、不同生理条件下的大熊猫对营养物质的需求存在差异。前人研究表明圈养成年大熊猫每天吃4～6顿，进食10～16 h，春季、秋季、冬季消耗约50 kg竹叶，10 kg竹笋，夏季每天进食

30 kg竹叶，竹笋增加到25 kg，除主食外还会依据不同时间气候条件搭配少量的苹果、胡萝卜、杂粮窝头等食物作为辅食。

人工圈养条件下，了解大熊猫圈养单位所在地及周边地区大熊猫主食竹种，分析它们的营养成分，对圈养大熊猫的饲养管理，尤其是正确的食物搭配供给具有重要意义。上海及周边地区分布有大熊猫主食竹27种，包括本地种7种及引种成功栽培的20种。因此，开展上海及周边地区大熊猫主食竹的常规营养成分和矿物元素含量分析，并与西南地区相应竹子的营养成分进行比较，估算上海野生动物园大熊猫成年个体与幼仔常规营养成分的日均食物摄入量和粪便排出量的研究十分必要，研究结果能够从营养角度为大熊猫在低海拔地区繁殖、育幼与健康成长提供一定的理论指导与科技支撑。

5 大熊猫肠道酶活性及微生物活性与结构研究

大熊猫为食肉动物，但经过长期进化，为适应生活环境已逐渐特化为以竹子为主食的植食性动物。大熊猫保留了肉食动物的消化道结构，自身不能产生纤维素酶，在其基因组中没有找到能够编码纤维素酶的基因。虽然拥有类似草食动物的饮食特性，但其对纤维素的消化能力是比较弱的，主要依赖于大熊猫的特殊的肠道菌群结构。大熊猫是我国的珍稀动物，2015年2月28日，国家林业和草原局（前林业局）举行新闻发布会，公布全国第四次大熊猫调查结果。调查结果显示我国存活的大熊猫仅有2239只，其中野生大熊猫有1864只，圈养大熊猫375只，可见大熊猫仍然处于比较脆弱的状态，其脆弱性主要体现在繁殖存活率较低及对食物的消化能力较差。虽然大熊猫对竹子的日食量较大，但其排粪量也较多，且大熊猫的肠道短，其肠道是自身体长的4～6倍，较草食性动物的肠道而言并不适合加工大量的植物食物。为了适应生活环境，大熊猫的食性和营养发生变化，往往一方面影响其自身消化、吸收的相关器官，而另一方面会使其肠道菌群结构发生协同进化。因此研究大熊猫从幼仔时期至成体，经过食物转化和生长发育的肠道菌群结构的协同进化过程，特别是对于

纤维素等主要营养的贡献率较高的微生物的研究是十分必要的，这对于大熊猫的饲养与保护具有重要意义。

大熊猫幼仔时期必须经过一定的食物转化阶段才能够正常生长发育。在这个转化期，大熊猫不仅要完成食性的过渡变化，还要完成从肉食性动物的肠道环境向植食性动物肠道环境的演变，主要是肠道微生物结构的形成，从而为大熊猫的免疫防御、消化吸收等多个方面提供保障。现今，人们都了解的大熊猫的繁育存活能力低下，主要原因是免疫力低，容易发生细菌、真菌感染，相关的研究也层出不穷。然而，从食物转化角度，研究其肠道微生物结构的形成及其对大熊猫幼仔健康的重要意义的内容较少。鉴于此，展开研究咀嚼食物转化期大熊猫肠道微生物菌群结构的变化，并分析肠道微生物在食物转化期对大熊猫的作用和功能，阐述肠道微生物参与大熊猫幼仔食物转化过程的演变规律，对于大熊猫幼仔的饲养与保护具有重要价值。

众所周知，我国的西南地区是大熊猫的故乡，可能由于环境、食物、饲养方式等因素更适宜大熊猫栖息繁衍。随着大熊猫保护水平的提升，我国其他地区大熊猫的数量越来越多，2016年上海野生动物园的大熊猫优优产下了首对龙凤胎熊猫宝宝，引起了社会各界的广泛关注，对于其他地区的熊猫保护也值得我们迅速并深入地开展起来。

为了能够更加科学深入地了解大熊猫发育过程中自身因素和外界因素对其消化能力的影响，已经有很多基础研究揭示了大熊猫肠道微生物的门水平和属水平多样性并对可分离的肠道微生物进行种类和功能的部分鉴定；此外，研究发现大熊猫为了营养摄入的需要，存在季节性迁移觅食的生活行为，季节的变化会影响食物的营养成分；越来越多的关于大熊猫的研究是分不同的发育阶段进行的，主要分为幼仔时期、亚成体时期及成体时期，可能是考虑到大熊猫在这几个发育阶段的饮食、生活行为、自身免疫代谢等多方面存在一定区别。从环境因素出发，研究外界因素通过对大熊猫肠道微生物结构的影响，进而影响大熊猫对营养的消化吸收的研究较少。动物体内的肠道微生物主要来源于环境，微生物的代谢会受到多种环境条件如温度、湿度、氧分压等的影响，因而研究环境因素对大熊猫肠道微生物的作用是有价值且有依据的。鉴于此，分析不同年龄段大熊猫在多种环境因素，如温度、季节、海拔的影响下，其肠道微生物结构的性质及其与大熊猫肠道重要消化酶活的相关性分析，对于揭示环境对大熊猫消化、吸收功能的影响具有指导意义。

目录

插图清单

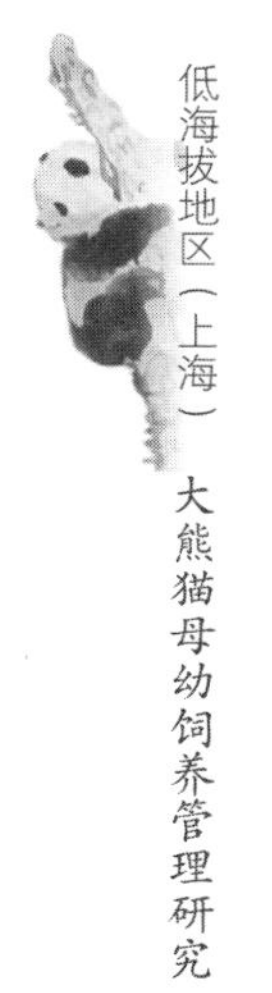

附表清单

第1章

低海拔地区（上海）哺乳期大熊猫适应性饲养研究

野生大熊猫仅分布在我国的四川、陕西和甘肃等山区，它们喜爱气候温暖、雨量充沛的阴湿凉爽环境。大熊猫主要栖息在海拔1200 m～2900 m之间的针阔混交林和针叶林带，夏季则生活在海拔2400 m以上的高山竹林中。

野生大熊猫（*Ailuropoda melanoleuca*）仅分布在我国的四川、陕西和甘肃等山区，它们喜爱气候温暖、雨量充沛的阴湿凉爽环境。大熊猫主要栖息在海拔1200 m ~ 2900 m之间的针阔混交林和针叶林带，夏季则生活在海拔2400 m以上的高山竹林中[1]。近年来，大熊猫栖息地破碎化、种群交流匮乏、疾病困扰、气候变化和保护管理能力不足等问题仍旧威胁着大熊猫的生存。国家在加强保护大熊猫自然栖息地的同时，还开展了圈养条件下的繁殖工作[2]。2016年，国家林业局综合考虑大熊猫种群安全、科研技术力量及满足公众科普宣传等现实需要，提出陆续在北京、上海、广州设立中国大熊猫保护研究中心三大分基地。上海野生动物园作为上海基地，拥有雄厚的科研力量，能够保障大熊猫繁育研究的技术和条件。

上海地处长江入海口，平均海拔高度2.19 m，属北亚热带季风气候，夏季气候炎热、潮湿，冬季则变得湿冷。在海拔高度、温湿度、植被类型等方面，上海野生动物园与大熊猫野外栖息地差异较大。上海基地投入使用后陆续有大熊猫母兽在上海野生动物园生产，为了更好地对这些大熊猫进行饲养管理，充分发挥它们的繁殖潜力，在对上海与四川两地大熊猫食物营养进行检测分析的基础上，参考中国大熊猫保护研究中心（以下简称研究中心）雅安基地圈养大熊猫饲养管理方案，对3只哺乳期雌性大熊猫的饲养管理进行了深入研究，探索适合低海拔地区圈养哺乳期大熊猫的饲养管理方案。

1.1 材料与方法

1.1.1 样品采集

在2017年8月和9月、2017年12月和2018年1月采集上海周边地区的慈孝竹（*Bambusa multiplex*）、淡竹（*Phyllostachys glauca*）、早园竹（*Phyllostachys propinqua*）、箬竹（*Indocalamus tessellatus*）、刚竹（*Phyllostachys viridis*）和金镶玉竹（*Phyllostachys aureosulcata cv. Spectabilis*），四川雅安基地的刺黑竹（*Chimonobambusa purpurea*）和苦竹〔*Pleioblastus amarus (Keng) keng*〕作为样品，同时采集上海和雅安两地饲喂大熊猫的窝头、苹果、胡萝卜和竹笋等样品（图1–1、图1–2），连采5 d，不同季节每种样品共5个重复，−20 ℃保存待测。

图1–1　采集的竹子样品

图1-2　采集的窝头、苹果、胡萝卜、竹笋

1.1.2　营养检测

样品委托上海市农业科学院农产品质量标准与检测技术研究所进行测定，食物中水分、粗蛋白、粗脂肪、钙、总磷和粗灰分的含量分别按照ASTT/ZD 083—2013/0、GB/T 6432—1994、GB/T 6433—2006、GB/T 6436—2002、GB/T 6437—2002、GB/T 6438—2007方法测定。

1.1.3　饲养地点

饲养地为上海野生动物园，对比地为四川雅安。上海地区夏季闷热、潮湿，年平均气温16 ℃。冬季气候则变得湿冷。1月份气温最低，平均约4 ℃；6-7月份进入典型的梅雨季节，出现持续的阴雨天，空气湿度大、气温高；7-8月份气温最高，平均约27.8 ℃，多大风、暴雨天气。2017年7月份最高气温达40.9 ℃，平均约32 ℃；年降水量约1100 mm。

1.1.4 环境控制

为了应对湿热的梅雨季节和炎热的夏季，笼舍地面及墙体设置防潮隔层，房顶铺有多层隔热、隔雨材料，内部装有降温、排水设施，总体环境温度控制在25 ℃以下。冬季，厚实的墙壁保暖效果较好，气温基本在0 ℃以上，不需要辅助增温，但要注意幼仔的保暖，避免其处于通风口。大熊猫繁育场地四周遍布竹林，整体环境相对安静。笼舍坐北朝南，通风，采光性较好，可同时容纳2只待产母兽。每只大熊猫一套笼舍，每套分2间小笼舍及1个小型室外运动场，每间笼舍面积约15 m^2，运动场面积约80 m^2（图1−3）。室外运动场地面为草坪，设有水池、少量竹丛及小灌木等丰容物。内外笼舍均设置监控系统，360°无死角记录大熊猫情况。哺乳期前期，母兽和幼仔基本待在繁育后场，哺乳期中后期，根据情况转入空间更大的前场。

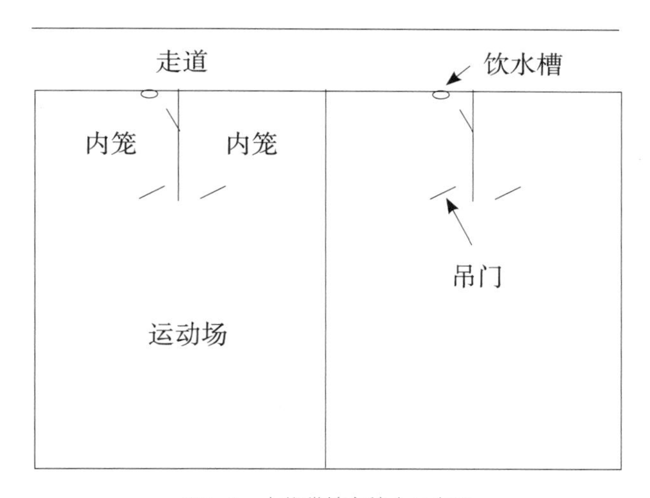

图1−3 大熊猫繁育笼舍示意图

1.1.5 适应性饲养

2016年9月至2018年4月，以上海野生动物园内的来自中国大熊猫保护研究中心雅安基地的3只处于哺乳期的成年雌性大熊猫优优、芊芊和思雪（表

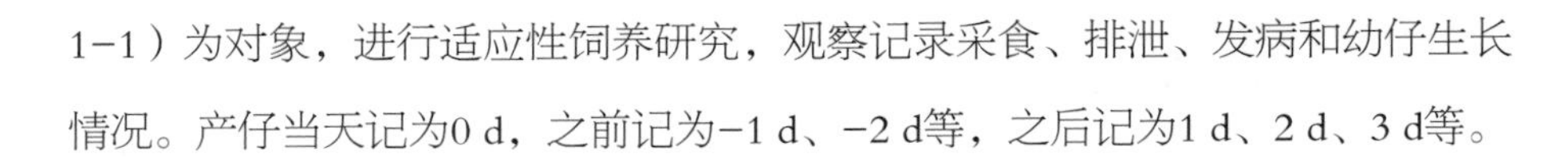

1-1）为对象，进行适应性饲养研究，观察记录采食、排泄、发病和幼仔生长情况。产仔当天记为0 d，之前记为-1 d、-2 d等，之后记为1 d、2 d、3 d等。

表1-1　3只雌性大熊猫基本信息

谱系	呼名	生日	父亲	母亲	产仔时体重/kg	已产情况	育幼经验	本次产仔情况
474	优优	1998年08月	298 林楠	382 英英	105	6胎8仔	丰富	龙凤胎
625	思雪	2006年07月	467 师师	418 白雪	97	2胎3仔	丰富	单雄
650	芊芊	2006年09月	369 迎迎	474 优优	119	2胎3仔	不足	单雌

1.1.6　数据分析

试验数据应用 SPSS 20.0 软件进行统计分析。通过单因素方差分析，采用LSD法进行多重比较。

1.2　结果与分析

1.2.1　夏、秋季两地竹子营养成分差异

与四川雅安研究中心相比，夏、秋季上海野生动物园大熊猫食用的箬竹的粗蛋白含量显著高于刺黑竹（$P<0.05$），刚竹和慈孝竹的粗蛋白含量均显著低于刺黑竹（$P<0.05$）；慈孝竹的钙含量显著低于刺黑竹（$P<0.05$）；箬竹、早园竹、刚竹、淡竹、金镶玉竹、慈孝竹的总磷含量均显著高于刺黑竹（$P<0.05$）；箬竹和淡竹的粗灰分含量均显著高于刺黑竹（$P<0.05$），慈孝竹的粗灰分含量显著低于刺黑竹（$P<0.05$）（表1-2）。总体而言，金镶玉竹与刺黑竹营养成分最接近。

1.2.2 夏、秋季两地食物营养成分差异

上海野生动物园窝头的粗蛋白、钙、总磷和粗灰分含量均显著低于雅安窝头（$P<0.05$），而粗脂肪含量显著高于雅安窝头（$P<0.05$）；上海野生动物园苹果中水分、粗灰分含量均显著高于雅安苹果（$P<0.05$）；上海野生动物园胡萝卜营养成分含量与雅安差异不显著（$P>0.05$）；上海野生动物园竹笋中水分和粗蛋白含量均稍低于雅安竹笋（表1–3）。

1.2.3 冬、春季两地竹子营养成分差异

与四川雅安研究中心相比，冬、春季上海野生动物园大熊猫食用的箬竹、早园竹、刚竹、淡竹和金镶玉竹的粗蛋白、粗脂肪和总磷含量均显著高于苦竹（$P<0.05$），刚竹、淡竹和金镶玉竹的钙含量显著高于苦竹（$P<0.05$）；慈孝竹的粗蛋白含量显著低于苦竹（$P<0.05$），而总磷含量显著高于苦竹（$P<0.05$）（表1–4）。总体而言，慈孝竹与苦竹营养成分含量最接近，另外，其适口性较好，这可能是大熊猫喜爱食用慈孝竹的原因之一。

1.2.4 冬、春季两地食物营养成分差异

冬、春季上海野生动物园窝头的水分、钙、总磷和粗灰分含量均显著低于雅安窝头（$P<0.05$），上海野生动物园窝头的粗脂肪含量显著高于雅安窝头（$P<0.05$），上海野生动物园窝头的粗蛋白含量与雅安窝头相比差异不显著（$P>0.05$）；上海野生动物园苹果中水分、钙、总磷和粗灰分含量均显著低于雅安苹果（$P<0.05$）；上海野生动物园胡萝卜中钙、总磷和粗灰分含量均显著低于雅安胡萝卜（$P<0.05$）；上海野生动物园竹笋中粗蛋白、钙、总磷和粗灰分含量均显著低于雅安竹笋（$P<0.05$）（表1–5）。

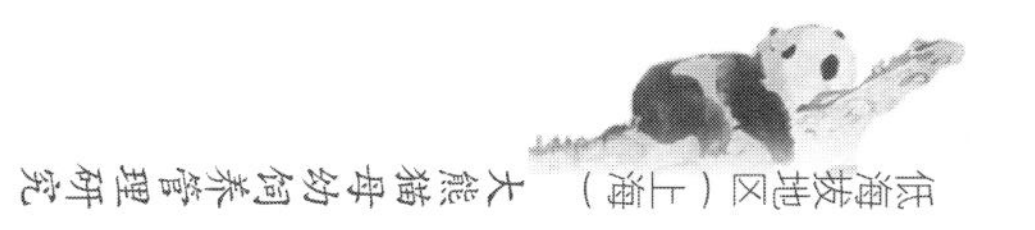

表1-2　夏、秋季两地竹子营养成分含量对比（%）

项目	上海野生动物园						雅安
	簝竹（n=5）	早园竹（n=5）	刚竹（n=5）	淡竹（n=5）	金镶玉竹（n=5）	慈孝竹（n=5）	刺黑竹（n=5）
粗蛋白	13.17 ± 0.81^{a}	9.50 ± 0.91^{b}	6.50 ± 1.39^{c}	10.19 ± 1.17^{b}	9.01 ± 1.92^{b}	2.85 ± 0.97^{d}	8.83 ± 2.21^{b}
粗脂肪	2.96 ± 1.08^{a}	3.26 ± 0.83^{a}	3.86 ± 3.12^{a}	2.88 ± 0.49^{a}	2.60 ± 0.87^{ab}	0.78 ± 0.53^{b}	2.48 ± 1.03^{ab}
钙	0.32 ± 0.03^{ab}	0.27 ± 0.03^{abc}	0.20 ± 0.06^{c}	0.37 ± 0.10^{a}	0.26 ± 0.07^{bc}	0.08 ± 0.02^{d}	0.29 ± 0.13^{abc}
总磷	0.14 ± 0.01^{b}	0.15 ± 0.01^{ab}	0.15 ± 0.04^{ab}	0.14 ± 0.02^{b}	0.14 ± 0.02^{b}	0.19 ± 0.05^{a}	0.08 ± 0.02^{c}
粗灰分	11.4 ± 0.67^{a}	8.14 ± 1.32^{bc}	6.14 ± 2.33^{c}	9.10 ± 1.98^{b}	6.26 ± 0.90^{c}	2.78 ± 0.38^{d}	6.76 ± 2.67^{c}

注：统计方法为单因素方差分析，采用LSD法进行多重比较。同行数据上标小写字母完全不同表示差异显著（P<0.05），有任何相同小写字母或无字母的表示差异不显著（P>0.05）。

表1-3　夏、秋季两地食物营养成分含量对比（%）

项目	窝头		苹果		胡萝卜		竹笋	
	上海野生动物园（n=5）	雅安（n=5）	上海野生动物园（n=5）	雅安（n=5）	上海野生动物园（n=5）	雅安（n=5）	上海野生动物园（n=5）	雅安（n=1）
水分	42.00 ± 0.71	42.40 ± 1.25	88.74 ± 1.60^{a}	87.14 ± 1.79^{b}	90.30 ± 0.75	91.72 ± 0.39	88.28 ± 1.25	92.80
粗蛋白	10.81 ± 0.24^{b}	11.17 ± 0.42^{a}	0.24 ± 0.05	0.26 ± 0.06	0.77 ± 0.10	1.05 ± 0.37	1.86 ± 0.15	2.10
粗脂肪	5.90 ± 0.32^{a}	5.28 ± 0.48^{b}	0.10 ± 0.00	0.10 ± 0.00	0.10 ± 0.00	0.10 ± 0.00	0.10 ± 0.00	0.10
钙	0.13 ± 0.02^{b}	0.62 ± 0.04^{a}	0.01 ± 0.00	0.01 ± 0.00	0.03 ± 0.01	0.04 ± 0.01	0.01 ± 0.00	0.02
总磷	0.30 ± 0.11^{b}	0.41 ± 0.02^{a}	0.01 ± 0.01	0.01 ± 0.00	0.03 ± 0.01	0.04 ± 0.01	0.04 ± 0.01	0.05
粗灰分	1.88 ± 0.08^{b}	3.08 ± 0.08^{a}	0.50 ± 0.19^{a}	0.32 ± 0.08^{b}	0.88 ± 0.16	0.74 ± 0.11	0.76 ± 0.05	0.90

注：统计方法为单因素方差分析。同行数据上标小写字母完全不同表示差异显著（P<0.05），有任何相同小写字母或无字母的表示差异不显著（P>0.05）。

表1-4 冬、春季两地竹子营养成分含量对比（%）

项目	上海野生动物园						雅安
	箬竹（n=5）	早园竹（n=5）	刚竹（n=5）	淡竹（n=5）	金镶玉竹（n=5）	慈孝竹（n=5）	苦竹（n=5）
粗蛋白	10.64 ± 1.71^{a}	9.21 ± 0.61^{a}	8.89 ± 1.15^{a}	9.48 ± 0.91^{a}	9.09 ± 2.09^{a}	2.11 ± 0.27^{c}	5.81 ± 4.77^{b}
粗脂肪	2.02 ± 0.52^{c}	2.10 ± 0.60^{bc}	2.48 ± 0.54^{bc}	3.56 ± 1.15^{a}	3.04 ± 0.73^{ab}	0.54 ± 0.31^{d}	0.64 ± 0.75^{d}
钙	0.30 ± 0.01^{b}	0.30 ± 0.06^{b}	0.44 ± 0.09^{a}	0.52 ± 0.09^{a}	0.47 ± 0.08^{a}	0.12 ± 0.02^{c}	0.18 ± 0.17^{bc}
总磷	0.09 ± 0.01^{c}	0.10 ± 0.02^{bc}	0.11 ± 0.01^{bc}	0.13 ± 0.01^{ab}	0.13 ± 0.01^{ab}	0.16 ± 0.05^{a}	0.05 ± 0.04^{d}
粗灰分	12.34 ± 2.01^{a}	8.52 ± 0.85^{b}	7.00 ± 1.64^{bc}	8.78 ± 2.50^{b}	7.38 ± 1.13^{bc}	2.97 ± 0.42^{d}	4.84 ± 4.33^{cd}

注：统计方法为单因素方差分析，采用LSD法进行多重比较。同行数据上标小写字母完全不同表示差异显著（$P<0.05$），有任何相同小写字母或无字母的表示差异不显著（$P>0.05$）。

表1-5 冬、春季两地食物营养成分含量对比（%）

项目	窝头		苹果		胡萝卜		竹笋	
	上海野生动物园（n=5）	雅安（n=5）	上海野生动物园（n=5）	雅安（n=5）	上海野生动物园（n=5）	雅安（n=5）	上海野生动物园（n=5）	雅安（n=4）
水分	40.46 ± 2.73^{b}	43.30 ± 0.51^{a}	85.42 ± 0.81^{b}	87.42 ± 0.69^{a}	90.38 ± 0.76	91.50 ± 0.85	87.30 ± 1.07	87.90 ± 1.63
粗蛋白	11.92 ± 0.63	12.19 ± 0.34	0.27 ± 0.02	0.32 ± 0.03	0.67 ± 0.06	0.73 ± 0.10	3.04 ± 0.15^{b}	3.50 ± 0.30^{a}
粗脂肪	6.14 ± 0.42^{a}	5.38 ± 0.28^{b}	0.20 ± 0.00	0.16 ± 0.05	0.14 ± 0.05	0.12 ± 0.04	0.28 ± 0.08	0.33 ± 0.05
钙	0.19 ± 0.05^{b}	0.88 ± 0.05^{a}	0.03 ± 0.01^{b}	0.07 ± 0.02^{a}	0.04 ± 0.00^{b}	0.40 ± 0.04^{a}	0.04 ± 0.01^{b}	0.45 ± 0.05^{a}
总磷	0.21 ± 0.02^{b}	0.76 ± 0.03^{a}	0.00 ± 0.00^{b}	0.05 ± 0.01^{a}	0.02 ± 0.00^{b}	0.22 ± 0.04^{a}	0.04 ± 0.00^{b}	0.33 ± 0.03^{a}
粗灰分	2.00 ± 0.16^{b}	5.22 ± 0.13^{a}	0.28 ± 0.06^{b}	2.19 ± 0.52^{a}	0.50 ± 0.08^{b}	6.93 ± 0.33^{a}	1.02 ± 0.05^{b}	10.28 ± 1.14^{a}

注：统计方法为单因素方差分析。同行数据上标小写字母完全不同表示差异显著（$P<0.05$），有任何相同小写字母或无字母的表示差异不显著（$P>0.05$）。

1.2.5 饲喂管理情况

在营造安全舒适的饲养环境的基础上，根据上海与四川两地不同季节饲料营养的差异情况，制订了合理的饲喂管理计划，实现了各种食物的混搭和投喂量的递增。喂食时，按照少量多次投喂原则，隔笼操作，将窝头、竹笋、苹果、胡萝卜等食物放置在没有粪便污迹的地方，尽量避免食物在投喂过程中受到污染。优优、思雪和芊芊均喜食慈孝竹，尤其是哺乳期中后期。虽然慈孝竹在粗蛋白、粗脂肪含量上稍低于雅安刺黑竹和苦竹，但园区采用各种竹子混搭饲喂的方式喂食大熊猫，尤其在哺乳期前期，喂食粗蛋白、粗脂肪含量更高的箬竹、淡竹和金镶玉竹等。哺乳期中后期主要喂食慈孝竹、淡竹、金镶玉竹等，辅以早园竹、刚竹等，各种竹子营养成分互相补充，弥补了单一品种竹子营养成分含量的不足[3]。在产仔后60 d左右每天喂给母兽适量的钙片（钙尔奇600 D）、多维元素片（善存、金施尔康），不仅弥补了窝头中钙、磷的不足，而且补充了大熊猫机体所需的多种维生素。

图1-4　哺乳期饲喂大熊猫水、微量元素

图1-5　采集大熊猫母乳

图1-6　饲喂大熊猫清洗过的竹叶

图1-7　饲喂大熊猫的钙片、多元维生素

1.2.6 疫病防控情况

对处于哺乳期的大熊猫母兽，尤其要重视疾病防治工作，加强对大熊猫母兽和幼仔的监控。洁净的笼舍及周围环境卫生是保证大熊猫健康生活的首要条件，哺乳期大熊猫对笼舍环境卫生要求更高[4]。产后10 d内，大熊猫母兽很少进食及其他活动，此时，仅需清理掉大熊猫身边的食物残渣及固定排泄点的粪便等。产仔10 d后，每天上午根据大熊猫状况彻底打扫1次笼舍，严格注意大熊猫母兽的粪便状况，若出现拉稀、排虫、排黏时，及时清理掉排泄物，根据情况进行彻底消毒。每天收集并称量每只大熊猫的粪便，了解它们当天采食情况，并判断它们的健康状况。产仔1个月后，则按正常要求进行每天1次打扫和每周消毒2次，交替使用强弱消毒剂，例如奥赛得、百毒杀或84消毒液。由于上海地区气候、环境较为潮湿，彻底冲洗笼舍后，要采取措施弄干地面，方可使用。每天用84消毒液浸泡消毒大熊猫的饲料用具、饲料盆。

大熊猫母兽在产后2个月内，舔幼仔辅助其排便，舔幼仔手、舔幼仔肚子等行为频繁，易患寄生虫病、皮肤病。思雪和芊芊均出现过呕吐出蛔虫现象，经伊维菌素驱虫后好转。由于大熊猫哺乳期的特殊性，一般情况下上海基地不会对大熊猫进行驱虫，仅在发现大熊猫有呕吐、排虫时才会对其喂食伊维菌素药剂排虫。另外，由于芊芊是第一次自己带仔，舔舐幼仔不够全面，不能很好地防止病菌感染，再加上环境异常潮湿，适于真菌生长。因此，53 d时发现芊芊仔头部感染真菌，经使用达克宁、真维宁治疗后恢复健康。对此，一方面要尽量降低环境的湿度，营造抑制病菌生长的环境；另一方面要依据情况对笼舍彻底打扫、消毒，尽量杀灭环境中的病菌。上海地区4–5月份气候已变得闷热，夏季则更加炎热，需要通过开启降温设施来保证大熊猫适宜的温度。此时，幼仔已转入前场展厅，丰富的设施增加了其运动量，但外加空调的开启，幼仔很容易感冒。189 d思雪仔患感冒，经使用头孢克洛治疗一周后恢复健康。对此，抬高水池的高度，尽量避免幼仔爬进水池玩耍，或者在条件允许的情况下用毛巾擦干幼仔身上的水；另外，尽量开启远离幼仔所待位置的空调来降温，或者避免空调风直接吹到幼仔身上。

图1-8　大熊猫排出的黏液

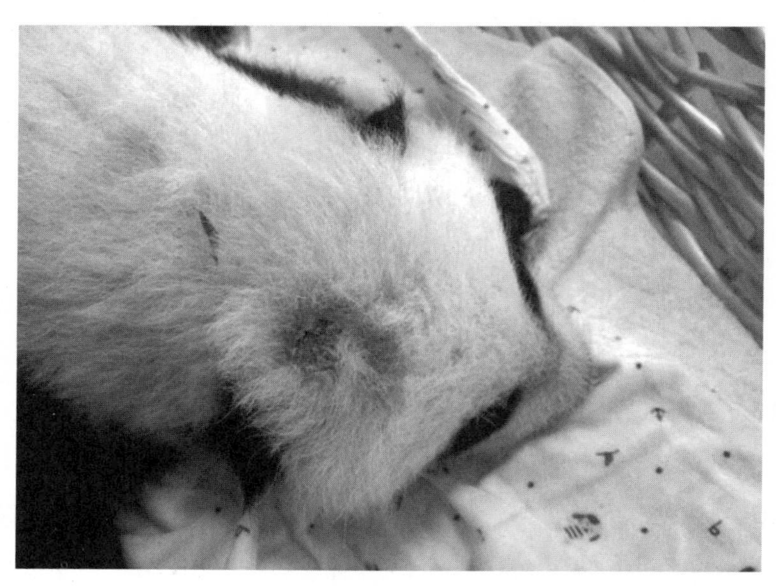

图1-9　大熊猫芊芊的幼仔头部感染真菌

1.2.7 适应性饲养期采食窝头量的变化情况

本基地依据研究中心派遣专家的要求进行饲喂，具体方法参考魏荣平[5]，同时根据每头母兽的特殊情况制定不同的饲喂方案。例如，优优和思雪喜食苹果，芊芊则喜食胡萝卜。另外，优优由于消化系统不好，投喂的精饲料则较少，图1-10即为每头母兽饲喂窝头的变化趋势图。产后70～80 d，思雪、芊芊窝头投喂量达到1.8 kg，已达到产前量的120%～150%，优优则在产后110～130 d才逐渐达到1 kg。

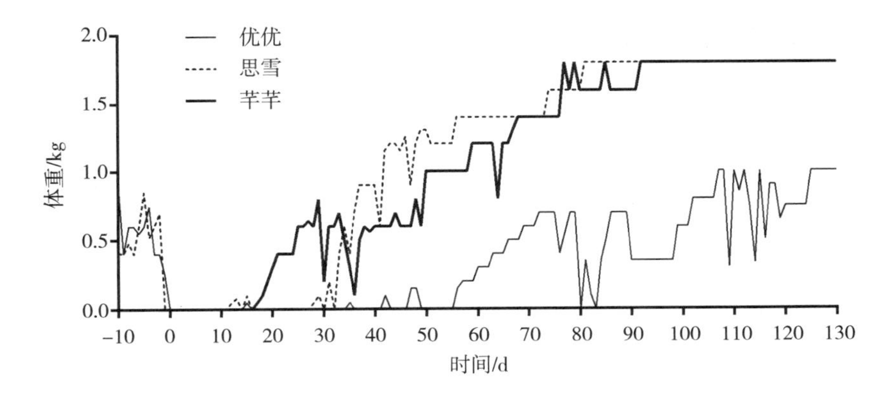

图1-10　产仔前后3只大熊猫采食窝头量变化（0 d为产仔当天）

1.2.8 适应性饲养期排便量的变化情况

优优在哺乳期间每月都会排黏1～3次，芊芊和思雪情况较好，1～2个月才会排黏1次。排黏时，大熊猫的采食量和活动量均会降低[6]。图1-11中3只母兽排便量出现骤降现象基本是由排黏、排虫导致的。

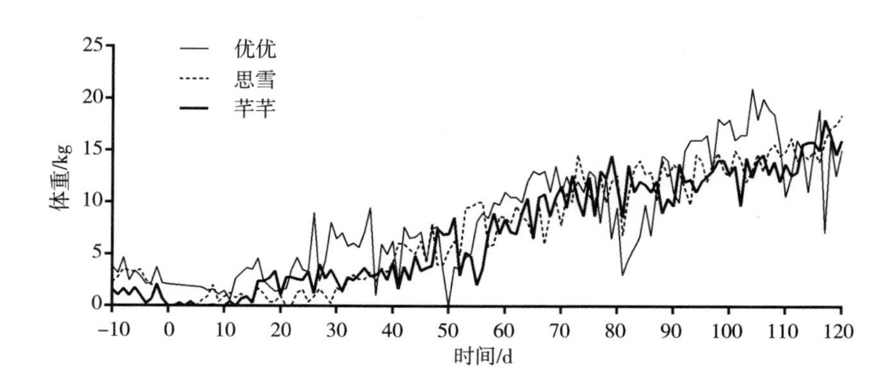

图1-11　产仔前后3只大熊猫排便量变化（0 d为产仔当天）

1.2.9 幼仔生长发育情况

大熊猫幼仔对环境的要求更高，据魏荣平[5]分析，产后一个月内保证环境安静和产房内适宜的温、湿度，能够有效提高幼仔的存活率。目前，3只母兽所产幼仔均茁壮成长。优优的龙凤胎孩子月月和半半、思雪的儿子、芊芊的女儿180 d体重分别为12 kg、11.7 kg、17.7 kg、14.5 kg，平均值为13.98±2.78 kg；月月、半半540 d体重均超过45 kg，发育状态良好。据研究中心提供的体况及育幼方式相似的大熊猫数据，乔乔的龙凤胎后代——乔伊和乔梁、美茜的儿子、晴晴的女儿180 d体重分别为11.8 kg、11 kg、14.2 kg、10.2 kg，平均值为11.80±1.72 kg；乔伊、乔梁540 d体重均超过43 kg。单因素方差分析表明，在上海野生动物园出生及生活的大熊猫幼仔180 d体重与研究中心提供的相对应大熊猫幼仔差异不显著（P=0.232），说明上海作为低海拔地区同样适合大熊猫的繁殖和育幼。

1.3 讨论

大熊猫优优本次产仔时已满18岁，属于老龄熊猫，虽然育幼经验很丰富，能够正常抚育幼仔，但其身体各项机能开始逐渐衰退，因此，对饲养环境及食物营养要求更高。参考郭伟等[7]对高龄繁殖大熊猫的饲养管理研究，通过改善饲养环境、改造饲料营养、增加活动量等，优优的精神、食欲逐渐恢复，带仔良好。思雪和芊芊产仔时11岁，正处于青壮年时期，身体各项机能正处于旺盛时期，有足够的精力抚育幼仔。针对青壮年大熊猫，待其恢复正常食欲时，要注意提供优质、足量的食物，保证大熊猫母兽产足量的母乳以哺育幼仔。

不同地区盛产的竹子、竹笋等不尽相同，雅安地区盛产苦竹、水竹、刺黑竹、方竹等品种竹子，而上海周边地区盛产慈孝竹、刚竹、淡竹、金镶玉竹等品种竹子，不同品种竹子的营养成分含量同样不同。这种地域差异造成的竹子品种差异，进而影响了大熊猫对食物的选择性。在饲喂时通过提供多种竹子判断每头大熊猫的偏好性，同时，在保证大熊猫能够吃到喜爱品种竹子的情况下，还要搭配其他品种竹子饲喂，弥补单一品种竹子营养成分含量的不足。

繁殖期的大熊猫对Ca、P的需求要远高于其他微量元素。Ca 作为十分重要的矿物元素之一，对动物产蛋、产奶尤其重要[8, 9]。大熊猫属于单胃动物，难以消化吸收饲料中的“植酸磷”，在饲料设计中还要考虑有效率含量。参考廖婷婷等[8]对圈养成年雌性大熊猫的研究，表明在可消化矿质元素摄入方面，圈养成年雌性大熊猫对Ca、P的消化率分别约为46%、68%；对Ca的摄入量为2.17～6.88 g/d，P的摄入量为4.10～7.56 g/d。因此，实际中我们会根据Ca、P的消化率逐渐调整饲喂量，满足大熊猫对矿质元素的需求。哺乳期的大熊猫需要分泌大量乳汁哺育幼仔，因此，补充适量钙片及多维元素片对幼仔的生长发育至关重要[10]。

上海地区与大熊猫栖息地的海拔、经度、气候等均存在着一些差异，这些差异可能是造成两地大熊猫生活习性不同的原因。因此，减弱环境改变对大熊猫造成的应激是保证其正常繁育的重要条件。在采取措施调控大熊猫周边环境时，稍有不当，便易引起大熊猫母兽和幼仔生病。杜有顺[11]对武汉动物园大熊猫的饲养管理与疾病防治进行了研究，而武汉与上海气候、海拔等相似（北亚热带季风气候，海拔15 m），因此，借鉴其研究成果，改进饲养管理方案后，降低了哺乳期大熊猫的发病率。另外，针对患病大熊猫，制定了相应的医治方案，能够更快地使其恢复健康。大熊猫优优、思雪和芊芊已经很好地适应了上海地区的气候环境条件，每天进食竹子时间达到300～400 min以上，粪便量达15 kg 以上，且每天的活动量在2～3 h及以上，处于健康、稳定的状态。而在上海野生动物园出生及生活的大熊猫幼仔180 d体重与研究中心提供的相对应大熊猫幼仔差异不显著，可能是短期内海拔高度对幼仔的影响并未体现出造成的，具体原因有待进一步研究。

1.4 本章小结

本章比较研究了上海、四川雅安两地大熊猫食物营养的差异，对哺乳期大熊猫优优、芊芊和思雪在上海地区进行适应性饲养，并通过采食量、排便量和幼仔体重来评估适应性饲养的效果。结果显示，夏、秋季上海野生动物园大熊猫食用的箬竹、早园竹、刚竹、淡竹、金镶玉竹、慈孝竹的总磷含量均显著高于雅安刺黑竹。冬、春季上海野生动物园大熊猫食用的箬竹、早园竹、刚竹、淡竹和金镶玉竹的粗蛋白、粗脂肪和总磷含量均显著高于雅安苦竹；慈孝竹的粗蛋白含量显著低于雅安苦竹，总磷含量显著高于苦竹。全年上海野生动物园窝头的钙、总磷和粗灰分含量均显著低于雅安窝头。为此，采用各种竹子搭配方式饲喂大熊猫，并补充适量的钙片、多维，优优、芊芊和思雪3只大熊猫的采食量和排便量不断增加，所产幼仔的180 d体重与雅安研究中心相似状况大熊猫所产幼仔的180 d体重差异不显著。这表明上海所采用的低海拔地区哺乳期大熊猫适应性饲养方案是有效的。

第 2 章

上海和雅安两地不同育幼方式大熊猫幼仔生长发育差异研究

大熊猫是我国特有的濒危野生动物，被誉为“国宝”和“活化石”。

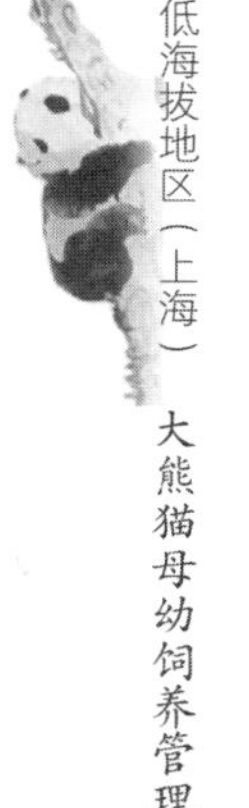

大熊猫是我国特有的濒危野生动物，被誉为“国宝”和“活化石”。近年来，大熊猫栖息地破碎化、种群交流匮乏、疾病困扰、气候变化等问题仍旧威胁着大熊猫的生存。因此，国家在加强保护大熊猫自然栖息地的同时，还开展了圈养条件下的繁殖工作[2]。1963年，北京动物园[12]首次在人工圈养条件下成功繁育大熊猫，多年来北京动物园、中国大熊猫保护研究中心、成都大熊猫繁育研究基地等多家单位共同努力，逐渐攻克了大熊猫人工繁殖的三大难题（发情难、配种受孕难、育幼存活难），使得幼仔成活率达到79.8%。圈养大熊猫的育幼主要分为大熊猫母兽哺育、人工辅助育幼和全人工育幼三种方式，根据大熊猫母兽及幼仔不同情况，选择不同育幼方式，不断改进各项技术，使得幼仔成活率进一步提高到90.32%[13]。2022年全国第四次大熊猫调查报告显示，圈养大熊猫种群数量达到375只，这是一代代科研工作者共同努力的成果。

大熊猫喜爱气候温暖、雨量充沛的阴湿凉爽环境，主要分布在我国四川、陕西和甘肃等高海拔地区。目前，关于大熊猫幼仔生长发育的研究主要研究地集中于四川成都、卧龙、雅安等高海拔地区，以及北京这个低海拔城市；关于不同育幼方式对大熊猫幼仔生长发育差异的研究同样很多。但是，很少有同时研究高、低海拔地区，以及综合考虑海拔和育幼方式两种因素下大熊猫幼仔生长发育差异的研究。2016年，国家林业局综合考虑大熊猫种群安全、科研技术力量及满足公众科普宣传等现实需要，提出陆续在北京、上海、广州设立中国大熊猫保护研究中心三大分基地。上海平均海拔高度2.19 m，属北亚热带季风气候。在海拔高度、温湿度、植被类型等方面，上海野生动物园与大熊猫栖息地差异较大，大熊猫幼仔在上海的生长发育情况可能有别于大熊猫栖息地。因此，本章对上海野生动物园内4只大熊猫幼仔以及中国大熊猫保护研究中心雅安基地相对应的5只大熊猫幼仔进行研究，同时比较人工辅助育幼及母兽哺育两种育幼方式下大熊猫幼仔生长发育的差异，为今后大熊猫在低海拔地区的成功育幼提供科学依据。

2.1　材料与方法

2.1.1　试验时间与地点

2016年9月—2018年4月，在上海野生动物园（平均海拔约4 m）和中国大熊猫保护研究中心雅安碧峰峡基地（平均海拔约1000 m）分别进行为期2年的试验。

2.1.2　试验对象

以上海野生动物园内大熊猫优优、芊芊和思雪的4只幼仔为研究对象，由于大熊猫数量相对较少，所以，着重选取研究中心雅安基地母兽体况、本次产仔情况相似的5只大熊猫幼仔作为对照研究，共9只大熊猫幼仔。

2.1.3　试验方法

2.1.3.1　动物分组

根据育幼方式，将9只大熊猫幼仔分为人工辅助育幼组和母兽哺育两组，每种育幼方式下至少雌雄各1只，具体信息见表2-1。对各只大熊猫幼仔进行生长发育监测，分别记录它们的体重、体长、体温、饮食等相关数据。以幼仔出生当天计为幼仔0日龄（0 d），之后为1 d、2 d……

表2-1　9只大熊猫幼仔基本信息

谱系号	呼名	性别	海拔	育幼方式	出生日期	初生体重/g	父亲	母亲	出生地/现居地
1030	乔伊	雌性	高	人工辅助	20160811	158.4	623 白杨	860 乔乔	雅安碧峰峡
1031	乔梁	雄性	高	人工辅助	20160811	180.7	623 白杨	860 乔乔	雅安碧峰峡
1105	华鸿	雄性	高	母兽哺育	20170817	213.6	743津柯	631 美茜	雅安碧峰峡
1086	天天	雌性	高	母兽哺育	20170729	146.3（3d）	689武俊	664 晴晴	雅安碧峰峡
1115	玉垒	雄性	高	母兽哺育	20170914	225.0	502武岗	643 翠翠	雅安碧峰峡
1052	月月	雄性	低	人工辅助	20161004	131.5	743 津柯	474 优优	上海野生动物园
1053	半半	雌性	低	人工辅助	20161004	113.2	743 津柯	474 优优	上海野生动物园
1117	思宝	雄性	低	母兽哺育	20171004	171.8（3d）	719安安	625 思雪	上海野生动物园
1118	芊金	雌性	低	母兽哺育	20171010	168.5（3d）	674香格	650 芊芊	上海野生动物园

2.1.3.2　人工辅助育幼

上海基地一对大熊猫龙凤胎幼仔的育幼是根据具体情况并依照熊猫研究中心派遣专家的要求，采用母兽哺育与人工哺育相结合的方法进行的。幼仔交换的时间间隔由幼仔吃奶量及健康状况决定，一般情况下，0～30 d内每隔3～5 d交换1次由母兽哺育，出生后前几天保证幼仔能够吃到足量的初乳，如有必要取仔时，要特别小心避免造成幼仔和人员的伤害。31～120 d每隔10 d轮流替换由母兽哺育，此时处于幼仔的快速生长期，人工育幼时要保证幼仔营养均衡，避免出现拉稀、上火等状况，影响其生长。120 d后，2只幼仔状况已相对稳定，母兽同时带2只幼仔压力较小，故将幼仔均还给母兽由其带仔。具体人工哺育方法、环境控制方法等参考黄祥明等[14]、李德生等[15]、王鹏彦等[13]。表2-2即为大熊猫幼仔的食谱，其中，人工乳由猫狗奶粉（Esbilac美国产）、婴儿奶粉（Enfamil中美合资生产）和水配制而成，不同阶段配比不同，随着幼仔的长大，水的含量逐渐增加，具体参考李德生等[15]（图2-1）。

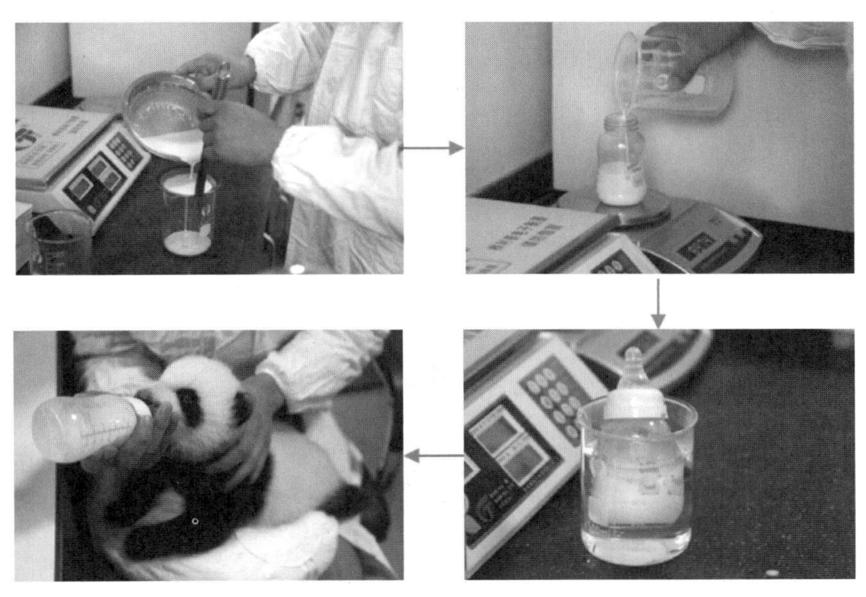

图2-1　大熊猫幼仔人工喂奶

表2-2　不同时期食物配方、饲喂量变化表

日龄/d	饲喂次数（每日）	食物
0～3	6～7	初乳
4～10	5～6	母乳
11～30	4～5	母乳+人工乳
31～90	3～4	人工乳
91～120	2	人工乳

2.1.3.3　大熊猫母兽哺育

大熊猫母兽产下单胎且有能力带仔时采用母兽哺育的方式进行育幼（图2-2）。保证产房通风、避光，保持卫生清洁干净和周围环境安静，室内温度保持在20 ℃左右，湿度在55%～75%[5]。出生后前几天的大熊猫幼仔十分脆弱，很容易因大熊猫母兽不当的动作而夭折，要时刻关注幼仔的状态。此时，可通过幼仔叫声来判断其存活状态，如果大熊猫母兽护仔姿势不好且时间已达30 min而幼仔又无叫声时，应及时叫醒母兽，使其调整抱仔姿势，避免发生意

外。时刻关注幼仔的叫声，如尖叫、普通叫等，并分析叫的原因，如饥饿、母兽抱仔姿势不舒服和落地等。随着日龄的增长，幼仔状态逐渐稳定，尖声次数及持续时间逐渐减少。在母兽丢仔进食、排泄、活动时，可以取出幼仔，检查幼仔的健康状况及测定相关指标，发现问题及时处理。

图2-2　大熊猫母兽哺育幼仔

2.1.3.4　相关指标的监测

根据实际情况进行取仔和测定相关指标，记录幼仔的生长（体重、体长、头长等）、发育（牙齿、四肢、毛发等的发育状况）、饲喂（母乳、人工乳次数及重量）、排泄（大便、小便次数及重量）、生理及环境变化检测（体温、保育箱温度、室内温湿度等）等指标。为了避免人为因素导致的偏差，各指标的监测均由同一人测量。采用电子称对幼仔称重，精确度为0.01 g；采用皮尺测定幼仔的体尺，精确度为0.1 cm，测量指标时测3次取平均值（图2-3）。

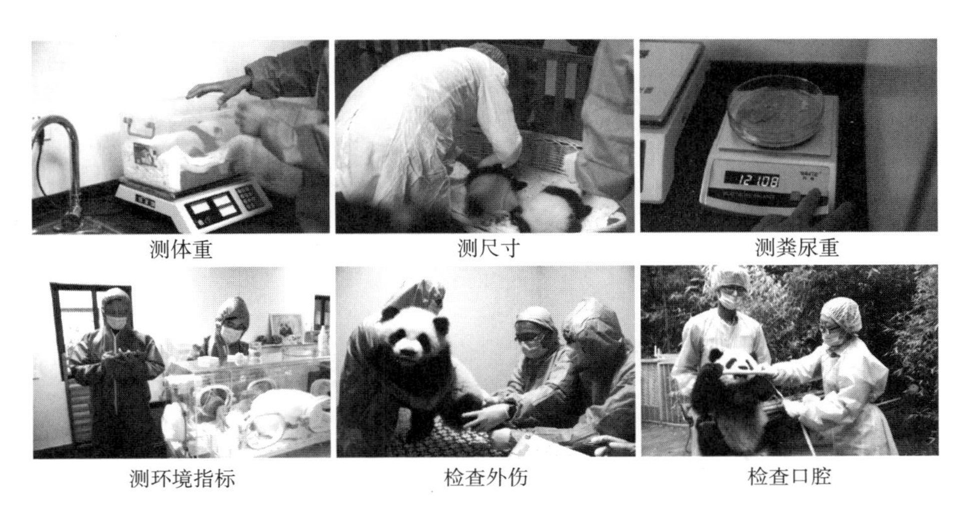

图2-3　大熊猫幼仔及环境指标监测

2.1.4　Chapman生长模型

由于大熊猫幼仔出生时先天发育不全，其生长模型不同于普通的Logistic、Gompertz等模型。Che等[16]利用Chapman生长模型很好地模拟了研究中心2003—2012年出生的大熊猫幼仔0～120 d的生长曲线，参考Che等使用的生长模型：$W_t=W_0+a\cdot(1-\exp(-b\cdot t))\cdot c$。其中$W_0$为大熊猫初生重（g），$W_t$为相应$t$日龄（d）时的体重（g），$a$为渐进体重（g），$b$为生长参数，$c$为衰减参数。由于数据量较小，本章仅对高、低海拔两组大熊猫幼仔进行曲线拟合，比较分析两地大熊猫幼仔生长发育差异，并与Che等研究结果进行对比，分析低海拔地区大熊猫幼仔的生长发育规律是否正常。

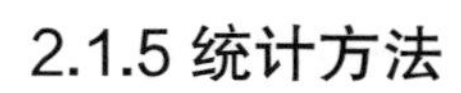

2.1.5 统计方法

应用SPSS 20.0软件中的非线性模型对大熊猫幼仔的体重和日龄进行统计分析，模拟生长曲线，以复相关指数（R^2）作为衡量拟合优度的主要指标。不同分组不同日龄阶段大熊猫幼仔体重采用一般线性模型中的多变量进行分析，结果以平均值±标准误表示。多重比较采用LSD法检验不同分组大熊猫幼仔之间的差异，$P<0.05$即认为差异显著。

2.2 结果与分析

2.2.1 大熊猫幼仔体重变化

建立9只大熊猫幼仔0～150 d体重随日龄变化的趋势图，由图2－4可以看出，9只大熊猫幼仔0～30 d体重差异较小，数据相对集中，曲线相对重合，此时幼仔生长速率相对缓慢。30 d之后，9只大熊猫幼仔生长速率加快，几乎呈直线增长，且随着日龄的增长，9只幼仔之间体重的差异在逐渐增大，数据相对分散。其中，思雪仔生长速率最快，体重远超同龄阶段其他幼仔，随后是翠翠仔、美茜仔和芊芊仔，月月、半半、乔梁、乔伊4只幼仔同阶段体重相差不大，曲线较为重合，但整体来说，月月、半半同阶段体重稍大于乔伊、乔梁，而晴晴仔生长速率最慢，体重低于同龄阶段其他幼仔。另外，从月月、半半、乔梁、乔伊体重数据可以看出，人工育幼阶段曲线呈“V”，说明刚取出幼仔进行人工育幼时，其体重处于下降阶段，1～2 d后体重开始恢复增长状态。

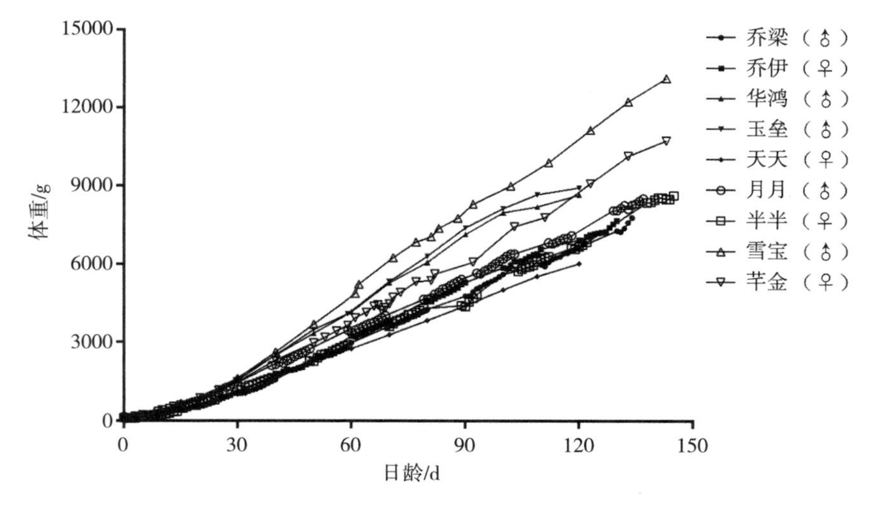

图2-4　9只大熊猫幼仔体重变化

为了能够更清楚地分析两地大熊猫幼仔生长发育情况，随后将9只大熊猫幼仔分为4组，建立幼仔0～120 d之间体重随日龄变化的趋势图。由图2-5可以看出，0～120 d低海拔母兽哺育组大熊猫幼仔生长发育速率最快，其次为高海拔母兽哺育组，而高、低海拔人工辅助育幼2组大熊猫幼仔生长发育速率差异较小，两条曲线几乎重合。整体而言，0～3 d之间，由于幼仔会出现失水现象，各组体重均为负增长，4 d左右达到平衡，之后恢复正增长。0～30 d之间各组体重差异较小，幼仔生长速率相对缓慢；30 d之后，生长速率加快，各组之间体重的差异在逐渐增大；60～90 d之间，生长速率最快，几乎呈直线增长；100 d之后，生长速率有减缓的趋势，符合生物界普遍的“S”形生长曲线模型。

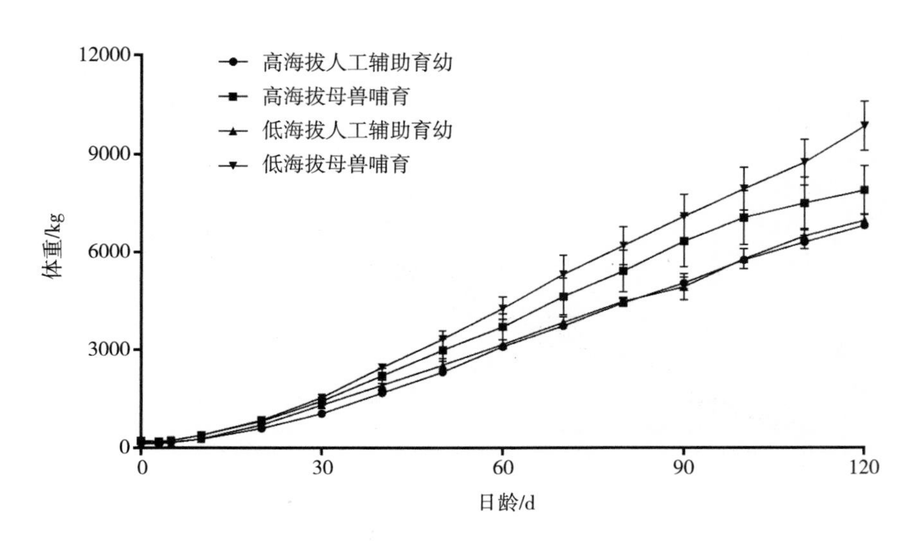

图2-5 不同海拔地区不同育幼方式下大熊猫幼仔的体重变化

进一步通过一般线性模型中的多因素方差对大熊猫幼仔3 d～120 d体重和平均日增重进行差异分析，由表2-3得出，低海拔地区大熊猫幼仔40 d、60 d和70 d体重显著大于高海拔地区大熊猫幼仔（$P<0.05$）；大熊猫母兽哺育的大熊猫幼仔40 d、60 d和70 d体重显著大于人工辅助育幼的大熊猫幼仔（$P<0.05$）；雄性大熊猫幼仔40 d、60 d、70 d和100 d体重显著大于雌性大熊猫幼仔（$P<0.05$）；性别和育幼方式对大熊猫幼仔40 d、60 d、70 d和100 d体重有显著互作效应（$P<0.05$），海拔和育幼方式对大熊猫幼仔40 d、60 d和70 d体重有显著互作效应（$P<0.05$），性别、海拔和育幼方式对大熊猫幼仔40 d体重有显著互作效应（$P<0.05$）。

表2-3　不同海拔高度、育幼方式和性别对大熊猫幼仔体重的影响

日龄（d）	海拔			育幼方式			性别			交互作用P值			
	高（n=5）（g）	低（n=4）（g）	P值	人工辅助（n=4）（g）	母兽哺育（n=5）（g）	P值	雄性（n=5）（g）	雌性（n=4）（g）	P值	性别*海拔	性别*育幼方式	海拔*育幼方式	性别*海拔*育幼方式
3	173.35 ± 4.23	148.38 ± 4.53	0.155	141.80 ± 4.53	179.93 ± 4.23	0.103	176.68 ± 4.23	145.05 ± 4.53	0.123	0.395	0.827	0.542	0.180
5	196.01 ± 10.22	189.58 ± 10.92	0.741	168.10 ± 10.92	217.49 ± 10.22	0.187	205.64 ± 10.22	179.95 ± 10.92	0.336	0.673	0.941	0.586	0.307
10	322.58 ± 22.75	330.23 ± 24.32	0.856	270.63 ± 24.32	382.18 ± 22.75	0.185	346.48 ± 22.75	306.33 ± 24.32	0.441	0.969	0.813	0.962	0.424
20	694.13 ± 31.42	777.00 ± 33.59	0.323	650.75 ± 33.59	820.38 ± 31.42	0.169	774.38 ± 31.42	696.75 ± 33.59	0.341	0.869	0.906	0.646	0.306
30	1205.25 ± 33.07	1423.00 ± 35.36	0.139	1180.25 ± 35.36	1448.00 ± 33.07	0.114	1413.50 ± 33.07	1214.75 ± 35.36	0.152	0.931	0.339	0.539	0.184
40	1869.13 ± 1.65	2187.25 ± 1.77	0.005	1795.50 ± 1.77	2260.88 ± 1.65	0.003	2205.13 ± 1.65	1851.25 ± 1.77	0.004	0.082	0.007	0.019	0.005
50	2544.88 ± 47.95	2925.25 ± 51.27	0.116	2421.25 ± 51.27	3048.88 ± 47.95	0.071	3051.63 ± 47.95	2418.50 ± 51.27	0.070	0.969	0.123	0.255	0.159
60	3280.50 ± 18.52	3716.50 ± 19.80	0.040	3130.75 ± 19.80	3866.25 ± 18.52	0.023	3816.00 ± 18.52	3181.00 ± 19.80	0.027	0.372	0.030	0.047	0.062
70	4006.25 ± 16.54	4566.25 ± 17.68	0.028	3778.75 ± 17.68	4793.75 ± 16.54	0.015	4780.25 ± 16.54	3792.25 ± 17.68	0.016	0.168	0.018	0.034	0.055
80	4720.00 ± 79.37	5324.75 ± 84.85	0.121	4454.25 ± 84.85	5590.50 ± 79.37	0.065	5519.75 ± 79.37	4525.00 ± 84.85	0.074	0.949	0.074	0.129	0.204
90	5433.63 ± 84.99	6002.00 ± 90.86	0.137	4977.00 ± 90.86	6458.63 ± 84.99	0.053	6388.63 ± 84.99	5047.00 ± 90.86	0.059	0.409	0.076	0.115	0.120
100	6135.13 ± 55.89	6845.00 ± 59.75	0.073	5752.50 ± 59.75	7227.63 ± 55.89	0.035	7181.38 ± 55.89	5798.75 ± 59.75	0.038	0.925	0.048	0.076	0.090
110	6642.75 ± 156.10	7600.75 ± 166.88	0.149	6374.00 ± 166.88	7869.50 ± 156.10	0.097	7719.25 ± 156.10	6524.25 ± 166.88	0.120	0.838	0.118	0.184	0.271
120	7099.38 ± 93.59	8384.75 ± 100.06	0.068	6866.25 ± 100.06	8617.88 ± 93.59	0.050	8385.63 ± 93.59	7098.50 ± 100.06	0.068	0.826	0.075	0.077	0.223
平均日增重（g）	59.20 ± 0.84	70.40 ± 0.89	0.069	57.47 ± 0.89	72.12 ± 0.84	0.053	70.16 ± 0.84	59.43 ± 0.89	0.072	0.798	0.079	0.081	0.246

2.2.2 不同分组大熊猫幼仔体尺变化

由表2-4可以看出，大熊猫幼仔的体长增长最快，其次为腹围，尾长增长最慢，前肢增长速度稍快于后肢。这些数据体现了大熊猫的部分特征：体型肥硕，头圆尾短，行动缓慢。另外，长期使用前肢抓握竹竿、竹笋等进食及攀爬等行为，促进了前肢的发育、进化，逐渐形成了前肢比后肢长、粗壮的特点。Perason相关性分析得出，同日龄大熊猫幼仔的体重和体长、头长、尾长、前肢长、后肢长、胸围、腹围、颈围、肘围、膝围成正比（相关性大于0.8，$P<0.05$），因此，可以通过体重判定体尺大小，评估幼仔的生长发育状况，还可以降低测定相关指标的工作量。整体而言，无论是高海拔地区，还是低海拔地区，大熊猫母兽哺育幼仔方式下大熊猫幼仔的体尺数据均稍高于人工辅助育幼方式；而相同育幼方式下，高、低海拔组幼仔体尺之间差异并无明显规律。

表2-4 不同日龄大熊猫幼仔平均体尺数据

日龄（d）	分组	头长（cm）	体长（cm）	尾长（cm）	前肢长（cm）	后肢长（cm）	颈围（cm）	胸围（cm）	腹围（cm）	肘围（cm）	膝围（cm）
10	高海拔人工辅（n=2）	5.2	16.6	5.4	6.4	5.0	9.2	15.6	15.5		
	高海拔母兽哺（n=3）	5.5	19.4	5.9	7.1	6.1	11.2	18.1	19.5		
	低海拔人工辅（n=2）	4.8	16.6	5.2	6.1	5.2	9.1	14.6	16.5		
	低海拔母兽哺（n=2）	5.2	20.4	5.5	7.1	5.2	10.6	17.0	19.7		
30	高海拔人工辅（n=2）	7.9	26.7	5.6	9.8	8.8	16.8	24.9	27.7	8.8	8.0
	高海拔母兽哺（n=3）	8.3	30.9	7.0	12.1	9.9	18.0	29.6	32.6	10.6	9.6
	低海拔人工辅（n=2）	7.7	30.6	5.9	10.8	8.6	16.8	27.0	29.5		
	低海拔母兽哺（n=2）	7.9	30.8	6.8	11.1	9.1	17.5	27.3	31.2	10.4	11.1
60	高海拔人工辅（n=2）	13.3	42.9	6.8	15.5	13.9	27.7	40.4	44.1	14.2	12.6
	高海拔母兽哺（n=3）	12.8	44.3	7.6	17.1	14.5	27.8	40.6	46.5	14.3	13.3
	低海拔人工辅（n=2）	12.5	43.8	7.1	14.5	12.8	24.9	37.4	43.2	12.7	14.1
	低海拔母兽哺（n=2）	13.1	46.4	8.3	18.9	15.0	27.3	39.9	45.8	13.8	13.3
90	高海拔人工辅（n=2）	18.6	54.1	8.5	18.2	17.5	32.8	46.1	50.7	17.5	19.3
	高海拔母兽哺（n=3）	17.1	58.8	9.4	19.7	17.5	32.9	44.0	53.5	19.2	16.5
	低海拔人工辅（n=2）	17.0	60.9	9.1	19.6	18.1	31.3	44.0	48.4	15.5	16.5
	低海拔母兽哺（n=2）	17.0	68.2	9.9	23.6	19.5	39.3	53.1	60.6	19.6	16.6

2.2.3 被毛、牙齿等的变化

刚出生的大熊猫幼仔身体呈肉红色，有稀疏白色胎毛，双眼紧闭，无视觉。5 d左右眼眶和耳朵被毛最先变黑，随后肩带、四肢开始变黑；40 d左右能够睁开双眼；80 d左右长出牙齿[14]。由表2-5可以看出，高、低海拔地区不同育幼组大熊猫幼仔体色开始变黑、睁眼、齿露时间与前人[14]研究相似，均在正常范围内，且各组之间变化的日龄并无明显规律，可能与个体差异有关。

表2-5 大熊猫幼仔生长发育部分特征对比（单位：d）

海拔	育幼方式	体色开始变黑			睁眼	齿露
		眼、耳	肩带	后肢		
高海拔	人工辅助（n=2）	5～7	9～10	9～10	31～32	80～90
	母兽哺育（n=3）	5	5	7～10	40～50	70～90
低海拔	人工辅助（n=2）	3～6	5～7	8～10	42～50	94～108
	母兽哺育（n=2）	3～9	8～9	8～9	40	81～111

图2-6 大熊猫幼仔生长发育过程

2.2.4 高、低海拔地区大熊猫幼仔Chapman生长模型

应用Chapman生长模型分别对高、低海拔组的大熊猫幼仔体重进行模拟，结果表明该模型很好地模拟了大熊猫幼仔0～120 d的体重增长情况（R^2均为0.999）。由表2-6可以看出，高海拔地区模拟出的大熊猫拐点日龄为55.47 d，远小于Che等[16]的75.58 d；拐点体重为3010.21 g，远小于Che等的4280.50 g；最大生长率为79.94%，接近于Che等的74.29%。上海野生动物园模拟出的大熊猫拐点日龄、拐点体重和最大生长率分别为65.15 g、4295.08 g和84.60%，整体更接近于Che等的数据，表明在上海野生动物园出生的幼仔生长发育均未偏离四川栖息地大熊猫的生长趋势。另外，由于研究个体较少，数据差异较大，因此本研究结果仅作为参考。

表2-6　大熊猫幼仔体重Chapman生长曲线模型参数

项目	参数				拐点日龄（d）	最大生长率（%）	拐点体重（g）
	W_0	a	b	c			
Che等（n=83）	116.18	18765.70	0.0075	1.760	75.58	74.29	4280.50
高海拔（n=5）	200.16	11185.98	0.0150	2.298	55.47	79.94	3010.21
低海拔（n=4）	104.76	19583.81	0.0080	1.684	65.15	84.60	4295.08

2.3 讨论

众所周知，大熊猫主要栖息在海拔较高、环境阴湿凉爽的山区地带，而圈养大熊猫则广泛分布在世界各地不同海拔地区。研究海拔高度对大熊猫幼仔生长发育影响的较少。由玉岩等[17]对大熊猫幼仔生长发育的研究得出，北京动物园内（低海拔）大熊猫均较四川卧龙（高海拔）的2只大熊猫幼仔平均生长发育速率快。国内外众多学者研究了海拔对人类以及经济作物的生长发育的影响。席焕久等[18]对我国儿童和青少年的生长发育进行研究后得出，海拔越高儿童青少年的生长发育指标越低；且在海拔、年均气温、年日照时数和年

降水量四个变量中，海拔对生长发育的影响最大。由表2−3得出，低海拔地区大熊猫幼仔同日龄体重、平均日增重均大于高海拔地区大熊猫幼仔，而40 d、60 d和70 d体重差异显著（$P<0.05$）。可能是高海拔地区缺氧，导致生长缓慢。另外，仅在40 d、60 d和70 d体重出现显著差异，可能是由于优优、芊芊和思雪在上海生活的时间不长，而海拔高度对个体生长发育的影响是一个由量变到质变的适应过程，只有达到一定的海拔并持续一定的时间才可能影响生长发育指标的变化[18, 19]。刘更寿[20]研究青海省一牦牛育种场内幼年牦牛生长发育后得出，高海拔（4229 m）饲养牦牛的体重和各项体尺均显著高于低海拔（3200 m）饲养的牦牛。可能是两地的海拔均较高，海拔因素对生长发育的影响已弱于其他因素。空气中的氧气含量，还会影响胸围大小，氧气越少胸围越大[18]。从表2−4中可以看出，高海拔地区大熊猫幼仔的胸围有高于低海拔地区大熊猫胸围的趋势，但并不明显。

大熊猫的初生幼仔发育水平很低，很容易夭折。李德生等[21]、刘定震等[2]的研究表明母乳是提高大熊猫幼仔的免疫力及维持其生长发育的重要因素，尤其是初乳，富含丰富的免疫球蛋白。因此，保证初生的大熊猫幼仔能吃到初乳是其成活、健康成长的关键。9只幼仔之间，大熊猫母兽的哺育能力有很大差异。乔乔、美茜、翠翠、优优、思雪均为育幼经验丰富、哺育能力强的大熊猫母兽；芊芊为第一次自己带仔，缺乏育幼经验，在抱抚幼仔姿势和对幼仔叫声的行为反应方面不如有生育经验的大熊猫母兽姿势好、反应快，经常出现掉仔及不会辅助幼仔找乳头吃奶。晴晴虽然不是第一次带仔，但育幼经验和芊芊一样不足。由图2−1可以看出，母亲哺育能力强的幼仔生长速率快。人工辅助育幼的4只幼仔同阶段体重相差不大，相较于其他5只幼仔，它们不仅吃到母乳的时间要短，而且受到母亲关爱的时间也短。大熊猫乳汁的特异性很强，且不同大熊猫母兽乳汁之间同样存在差异。经过研究人员多年的研究，最终发现选用美国生产的ESBILAC和ENFAMIL奶粉制成人工奶，幼仔的成活率显著提高，但是初生的几天内，初乳仍然是最重要的食物[15]。为了保持大熊猫母兽有一个良好的营养状况，我园从大熊猫的饲养管理入手，通过改善环境及饲料，使母兽产仔后泌乳量增多，幼仔生长发育良好。

经过几十年的研究，大熊猫幼仔的人工育幼技术已经发展得很成熟，幼仔的成活率已达90.32%[13]。研究表明，大熊猫母兽育幼方式下，幼仔生长发育最快，其次是人工辅助育幼，最慢的是全人工育幼[22]。由图2-2和表2-3可知，大熊猫母兽哺育方式下大熊猫同日龄的体重均要大于人工辅助育幼方式下大熊猫幼仔体重，造成这种差异的原因除了乳汁营养成分的差异外，还有育幼技术。大熊猫母兽育幼过程中，会频繁地舔仔，不仅能够保持幼仔身体清洁、增强免疫力，而且能够增加两者的互动，使幼仔感受到母亲的关爱，具有更好的安全感。在人工育幼过程中，虽然也在模拟母兽的行为，但效果并不是很理想。另外，育幼人员的技术水平也影响幼仔的生长发育。

初生重过小的幼仔，往往会因无力寻找大熊猫母兽的乳头和吮吸乳汁，或者不能保持正常体温而最终难以存活[23]。通常，雄性幼仔的初生重大于雌性，决定了大熊猫雄兽在成长过程中竞争力更强，生长速率更快。由表2-1可以看出，雄性幼仔的初生重（3 d体重）均大于雌性。由图2-1可以看出，除了乔梁在后期同日龄体重比乔伊小之外，总体而言，初生重大、雄性幼仔同日龄体重要大于初生重小、雌性幼仔。但是，在对幼仔的持续观察下，发现雌性幼仔（芊芊仔、半半）睁眼、站立、活动时间要早于雄性（思雪仔、月月）。可能与两性个体的性成熟年龄不同有关。在圈养和野生条件下都发现雌性的平均性成熟年龄较雄性小[24]。研究表明，猪的生长速率与性成熟呈负相关，这可能是大熊猫幼仔雌性比雄性发育更早的原因。

相较于大熊猫栖息地气候环境，上海地区夏季闷热、潮湿，尤其是进入6-7月份的梅雨季节，出现持续的阴雨天，空气湿度大、气温高；冬季气候则变得湿冷。我园内大熊猫幼仔均为10月份出生，已处于秋季，温、湿度相较于夏季明显降低，幼仔基本生活在一个舒适的环境中；研究中心幼仔均出生在7-8月份，正处于炎热的夏季，温、湿度相对高，这些可能是造成上海地区大熊猫幼仔生长发育比栖息地雅安大熊猫幼仔生长发育快的部分原因。关于大熊猫幼仔的人工育幼技术，已经研究得很透彻。对育幼箱及周围环境的温、湿度

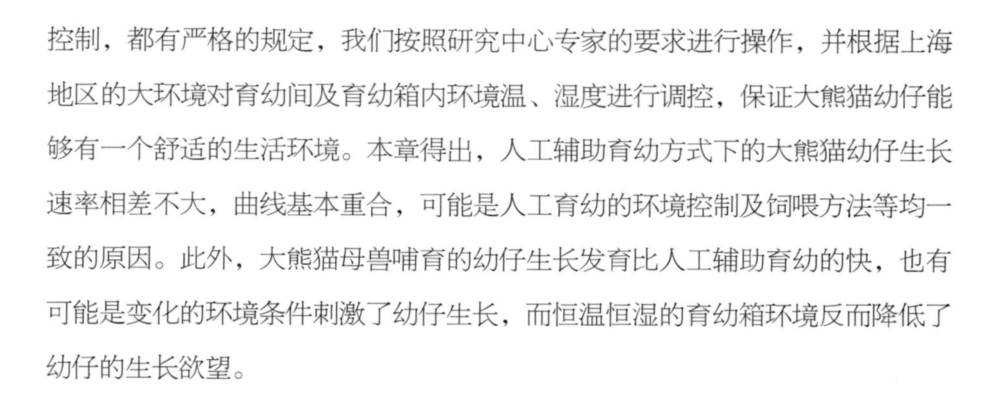

控制，都有严格的规定，我们按照研究中心专家的要求进行操作，并根据上海地区的大环境对育幼间及育幼箱内环境温、湿度进行调控，保证大熊猫幼仔能够有一个舒适的生活环境。本章得出，人工辅助育幼方式下的大熊猫幼仔生长速率相差不大，曲线基本重合，可能是人工育幼的环境控制及饲喂方法等均一致的原因。此外，大熊猫母兽哺育的幼仔生长发育比人工辅助育幼的快，也有可能是变化的环境条件刺激了幼仔生长，而恒温恒湿的育幼箱环境反而降低了幼仔的生长欲望。

2.4 本章小结

本章对上海野生动物园内4只大熊猫幼仔及中国大熊猫保护研究中心相对应的5只大熊猫幼仔进行研究，通过分析体重、体尺、被毛等差异，发现上海野生动物园内4只大熊猫幼仔同日龄体重均大于研究中心的熊猫幼仔，体尺、被毛等无明显差异规律。通过对两地大熊猫幼仔生长发育的差异研究，为今后大熊猫在低海拔地区的成功育幼提供了科学依据。但是，由于研究的个体数相对较少，可能存在个体差异，因此，为了获得更加翔实的数据还需要进行更加深入的研究。

第

3

章

低海拔地区（上海）大熊猫育幼行为研究

动物可以根据周围环境的变化及自身的生理状况来调整行为，从而形成特定条件下的时间分配及活动节律模式。

动物可以根据周围环境的变化及自身的生理状况来调整行为，从而形成特定条件下的时间分配[25]及活动节律模式。大熊猫为我国特有珍稀濒危动物之一，有“国宝”和“活化石”之称[26]，现今大熊猫种群主要分布在青藏高原东部边缘的四川省西部、陕西省南部和甘肃省东南部等高海拔山区[27]。关于圈养大熊猫时间分配和活动节律的文章主要集中在日常活动[28，29]和妊娠方面[30]，而有关大熊猫育幼期活动行为的文章仅在朱本仁[31]、何永果等[32]等的报道中涉及，但未有完整的关于圈养大熊猫育幼期活动行为的研究报道。

育幼期行为是繁殖行为的重要组成部分，对于提高幼仔成活率，保证幼仔健康成长至关重要[33]。因此，本研究拟通过采用连续记录法和焦点取样法，以上海野生动物园处于哺乳期的雌性大熊猫为研究对象，对其行为的时间分配和活动节律进行研究，以期阐明上海野生动物园圈养雌性大熊猫育幼期的行为变化规律及行为特征，丰富对圈养大熊猫育幼期的行为学资料，为后续研究提供理论依据与技术支持。

3.1 材料与方法

3.1.1 研究对象及圈养环境

上海野生动物园位于上海市浦东新区宣桥镇为低海拔地区，属于亚热带季风气候。本研究对上海野生动物园内的2只处于哺乳期的雌性大熊猫思雪和芊芊进行行为观察，动物的基本情况如下所示。

芊芊：系谱号650，2006年9月生，2015—2017年产仔2胎3仔（均为人工育幼），育幼经验不足，妊娠前日采食时间为650 min，健康。

思雪：系谱号625，2006年7月生，2015—2017年产仔2胎3仔（均为母兽带仔），育幼经验丰富，妊娠前日采食量时间为650 min，健康。

育幼期间大熊猫均饲养于育幼兽舍，每只大熊猫一套兽舍， 每套分两小间内舍（10 m^2）及一个小型活动场（90 m^2），每间兽舍由三面水泥墙和一面铁栏构成。两内舍间、内舍与外活动场均通过隔离拉门相通。从产仔之日起至丢仔前雌性大熊猫均在内舍饲养，待出现丢仔行为后根据天气情况放活动场活动。内兽舍温度始终控制在28 ℃以下，湿度在80%左右。育幼兽舍内安装有4个可360°旋转的红外线摄像头，以达到无盲区观察，外活动场安装有2台摄像头，并配有1台台式电脑用作数据储存（图3-1）。

图3-1　哺乳期大熊猫母兽和幼仔

3.1.2 行为观察与行为谱

本研究采用焦点取样法记录即从产仔之日至产仔后第6个月，每月选取固定、连续的3 d观察育幼期雌性大熊猫的行为，采用连续记录法对大熊猫进行24 h的监控录像进行观察记录，分析时可反复观看录像确保数据准确性，同时笔记补充（图3–2）。

参考已有行为谱[34]，并结合实际观察情况，对育幼期大熊猫行为进行定义（表3–1）。

本研究根据雌性大熊猫6个月育幼期的摄食时长和育幼行为的变化，将大熊猫育幼期分为3个时期。雌性大熊猫产后1个月之内大熊猫的摄食时间极少，为正常摄食时长（即妊娠前的采食时间）的20%以下，并伴有频繁护仔、舔仔及舔阴的现象，划分为育幼前期；第5～6个月大熊猫日摄食时间占正常摄食时间的60%以上，用于护仔、舔仔的时间显著减少，划分为育幼后期；第2～4个月大熊猫日摄食时间为正常摄食时间的20%~60%，划分为育幼中期。根据前期、中期、后期不同育幼行为类型（舔仔、护仔、哺乳、母仔互动等育幼行为）用在育幼行为中的百分比来比较不同时期母体对幼仔母性的差异（图3–3）。

图3–2　观察哺乳期大熊猫母兽行为

表3-1　圈养大熊猫育幼期的主要行为及定义

行为类型	定义
育幼行为	主要包括护仔（母兽将幼仔抱在怀里或将幼仔护在身旁，母兽与幼仔为零间距）、舔仔（用舌头舔舐幼仔的身体或阴部）、母幼互动（母兽与幼仔互动，包括叼仔、摔仔及移动幼仔等与幼仔的交流和互动行为）及哺乳（母兽给幼仔喂奶）
舔阴	用舌头舔舐自身的外阴
摄食	取食所有总类的食物，包括食用竹子、竹笋、窝头、苹果、胡萝卜、水和药物等
休息	个体以各种姿势保持静止状态，闭眼或不闭眼，无护仔行为发生
活动	包括刻板、走动、跑动、攀爬等行为
探究	盯着并缓慢地走到某一物体前，嗅闻或张望，有时在兽舍内会爬栏杆张望
求适	动物先天获得性行为，以舔毛（掌）、蹭痒、抓痒为主的行为
其他	包括排便等行为

图3-3　哺乳期大熊猫部分行为

3.1.3　数据分析

首先利用Excel软件对每个体进行24 h内各行为类型的总时长和频率的加和统计，定义某个体某行为一天内的总时长（h）与24 h的比例为该行为一天的活动时间分配，然后用当月选定的3天的平均值来表示该月的活动时间分配，最后用月平均活动时间分配来表示该时期的活动时间分配。日活动节律则以大熊猫每2 h活动中的各行为类型的频次来表示。其次利用SPSS 21.0统计软件中的Kolmogorov-Smirnov test对实验所需数据进行检验，结果发现所有数据均不符合正态分布（$P<0.05$）。因此，采用Kruskal Wallis test对母兽育幼前期、中期和后期的个体行为进行检验，对具有显著差异的行为采用Kruskal Wallis 单因素ANOVA进行3个阶段间的两两比较。用 Kruskal Wallis 单因素ANOVA检验2只大熊猫不同育幼期育幼行为差异显著性。最后根据数据类型对大型猫育幼期不同行为类型之间关系采用Spearman相关性（非正态）进行相关性分析。统计显著性水平位P=0.05、平均值±标准误（Mean±SE）。

3.2 结果与分析

3.2.1 日常行为时间分配

在育幼前期，大熊猫芊芊的主要行为类型是育幼行为（95.22%±11.66%），其次为舔阴（2.50%±0.37%）、休息（0.65%±0.03%）、求适（0.63%±0.03%）、活动（0.55%±0.04%）、摄食（0.22%±0.06%）、其他（0.09%±0.01%）及探究（0.01%±0.00%）。在育幼前期，摄食的时间显著低于育幼中期（19.55%±2.03%，P=0.003）和后期（30.19%±2.75%，P=0.002），舔阴行为的时间显著高于育幼中期（0.22%±0.07%，P=0.002）和后期（0.00%±0.00%，P=0.002），求适行为的时间显著少于中期（2.49%±0.87%，P=0.031）。育幼后期，休息（29.46%±10.42%）的时间显著高于前期（P=0.003）和中期（8.04%±2.04%，P=0.043），育幼行为（27.78%±6.65%）的时间显著低于前期（P=0.001）和中期（63.70%±16.58%，P=0.031），活动、探究和其他行为

的时间显著高于前期（P<0.05）（图3-4）。

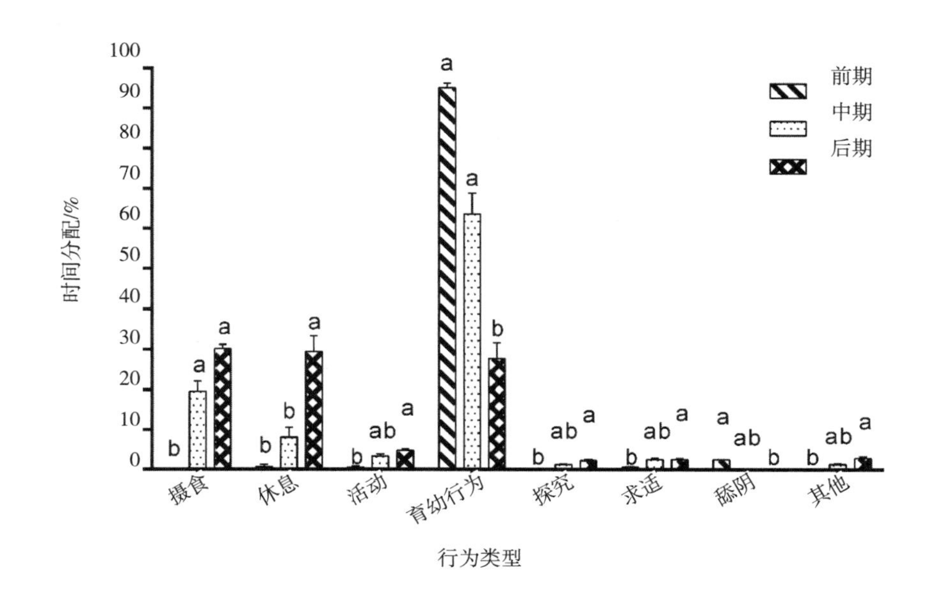

图3-4　大熊猫芊芊育幼期各期的活动时间分配

注：具有相同上标字母的同种行为表示不同阶段间无显著差异

育幼前期，大熊猫思雪的主要行为类型是育幼行为（93.07%±1.21%），其次为摄食（3.76%±0.98%）、舔阴（1.85%±0.24%）、求适（0.63%±0.05%）、其他（0.39%±0.07%）、活动（0.18%±0.09%）、探究（0.17%±0.03%）及休息（0.02%±0.01%）。育幼前期，思雪休息的时间显著低于育幼中期（22.19%±6.98%，P=0.024）和后期（39.82%±2.86%，P=0.016），舔阴的时间显著高于中期（0.22%±0.07%，P=0.002）及后期（0.00%±0.00%，P=0.002）。育幼后期，育幼行为（27.78%±6.65%）的时间显著少于前期（P=0.002）和中期（51.36%±18.27%，P=0.023），摄食、活动、探究和其他行为的时间显著高于前期（P<0.05）（图3-5）。

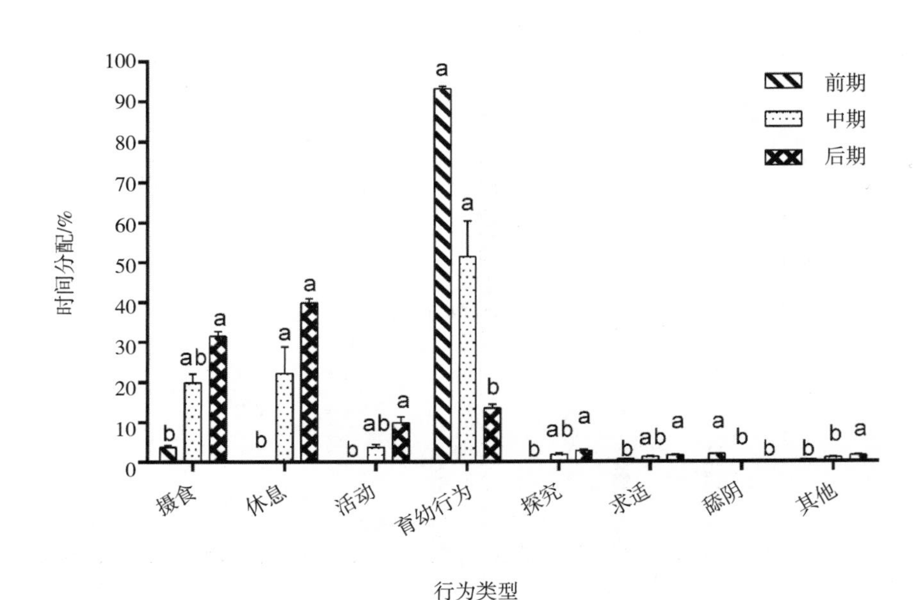

图3-5　大熊猫思雪育幼期各期的活动时间分配

注：具有相同上标字母的同种行为表示不同阶段间无显著差异

3.2.2　行为节律

育幼前期，大熊猫芊芊育幼行为较集中，发生的频率较高，仅9:00—11:00较低；随后分别出现3个求适高峰期（8:00—12:00、15:00—18:00和21:00—23:00）、两个摄食高峰期（9:00—12:00和17:00—21:00）及两个活动高峰期（9:00—11:00和13:00—15:00）。全天舔阴行为均匀，探究和休息发生的频次较少，主要集中在7:00—9:00（图3-6a）。育幼中期，出现两个育有行为高峰期（0:00—6:00和20:00—24:00）、一个活动高峰期（7:00—23:00）和一个摄食高峰期（7:00—23:00），休息全天发生频次较为均匀（图3-6b）。育幼后期，出现三个育幼高峰期（0:00—1:00、11:00—13:00、23:00—24:00）、两个活动高峰期（7:00—10:00、18:00—21:00）、两个休息高峰期（2:00—5:00、21:00—23:00）、摄食主要集中在6:00—24:00，在14:00达到峰值（图3-6c）。

育幼中期及后期舔阴行未观察到舔阴行为。

大熊猫思雪，其育幼前期以育幼行为为主，全天发生频次较高且分布均匀，随后，分别出现两个摄食高峰期（8:00—11:00和16:00—21:00）、两个求适行为高峰期（8:00—13:00和0:00—4:00）及三个活动高峰期（22:00—24:00、4:00—6:00和12:00—13:00）。探究和舔阴行为频次较少，探究集中在9:00—14:00，舔阴行为主要发生在5:00—10:00；休息行为未见发生（图3-6d）。与育幼前期相比，育幼中期的育幼行为频次显著下降，分别在0:00—9:00、12:00—16:00、19:00—24:00出现高峰；其余各行为发生频次均均显著增加（图3-6e）。育幼后期，凌晨摄食的频次增加（1:00—4:00）；休息行为主要集中在0:00—6:00、11:00—13:00、22:00—24:00（图3-6f）。

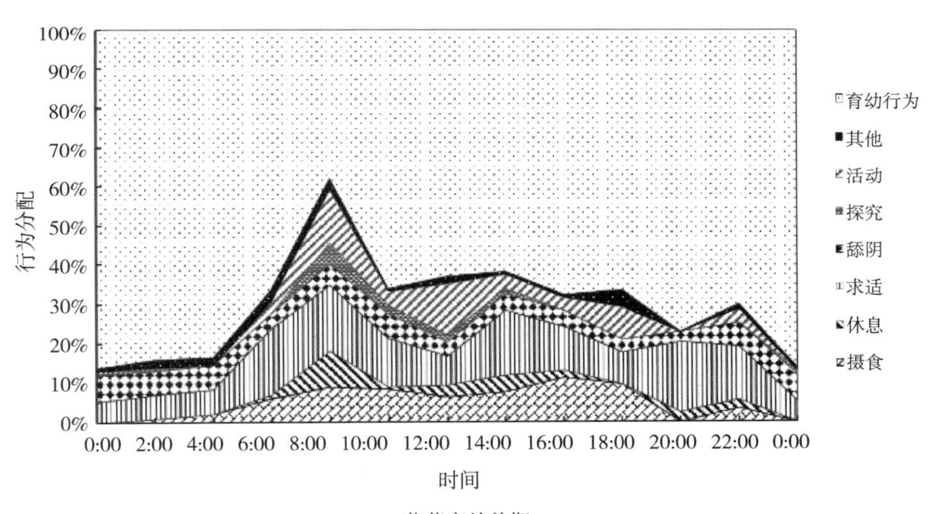

a. 芊芊育幼前期

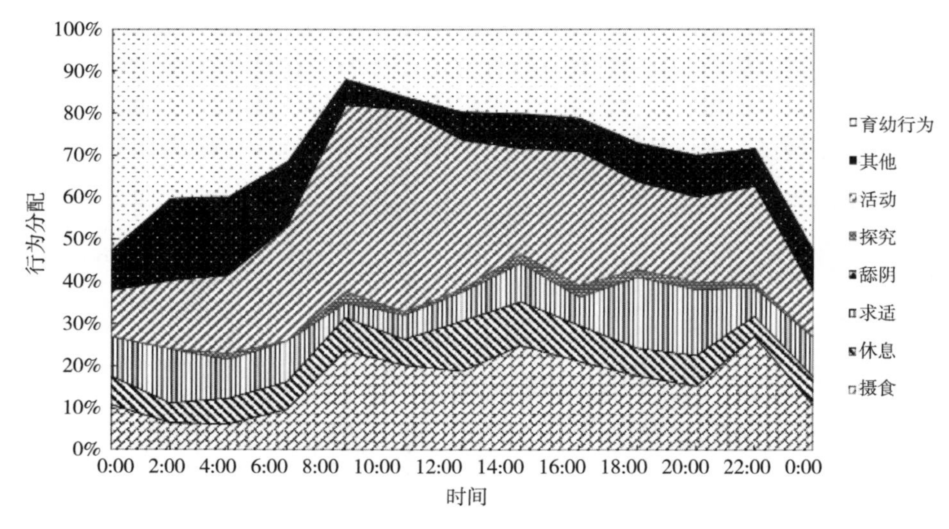

b. 芊芊育幼中期

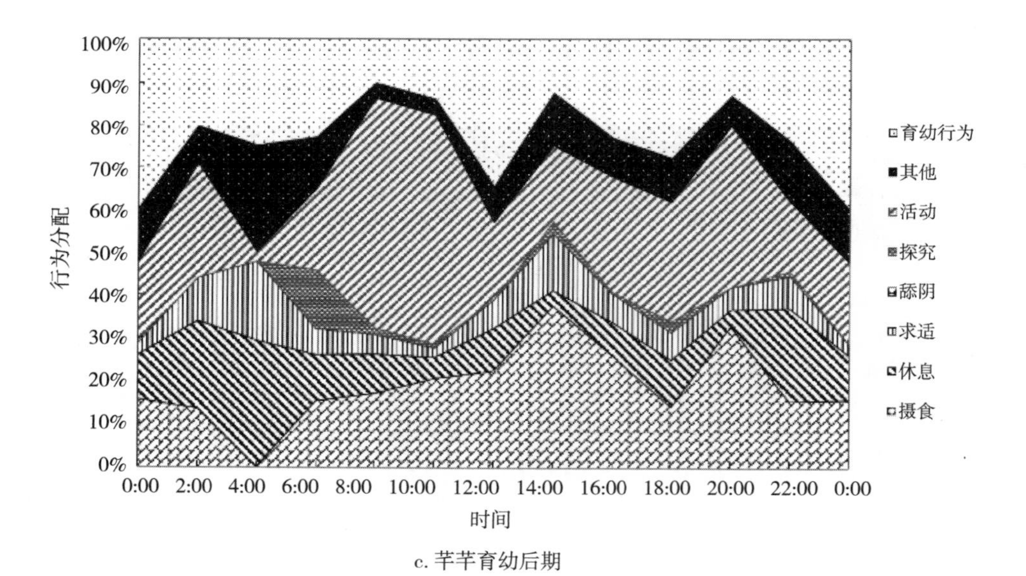

c. 芊芊育幼后期

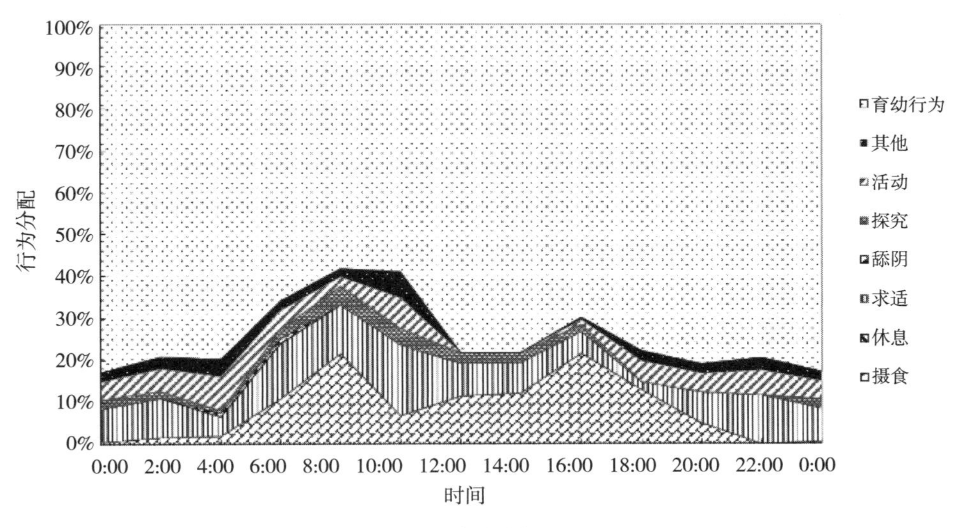

d. 思雪育幼前期

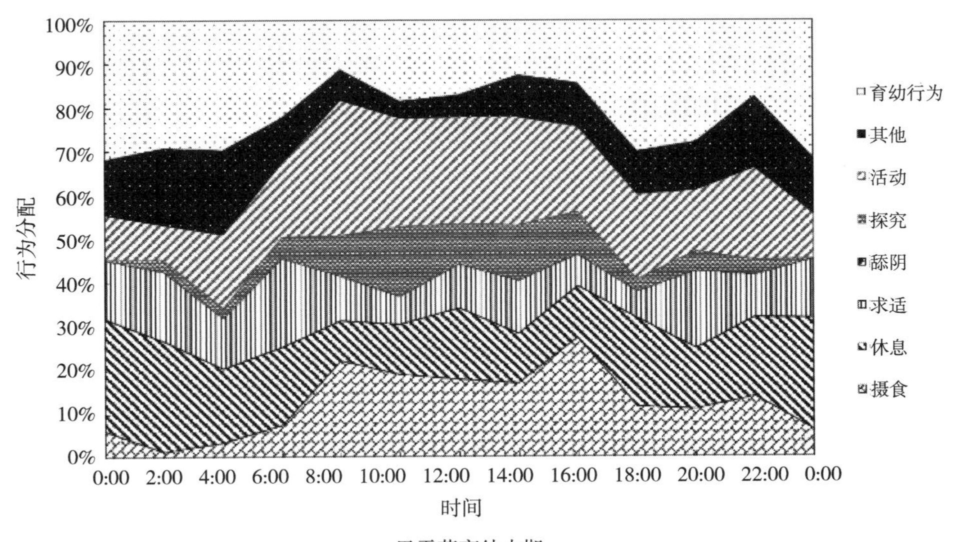

e. 思雪芊育幼中期

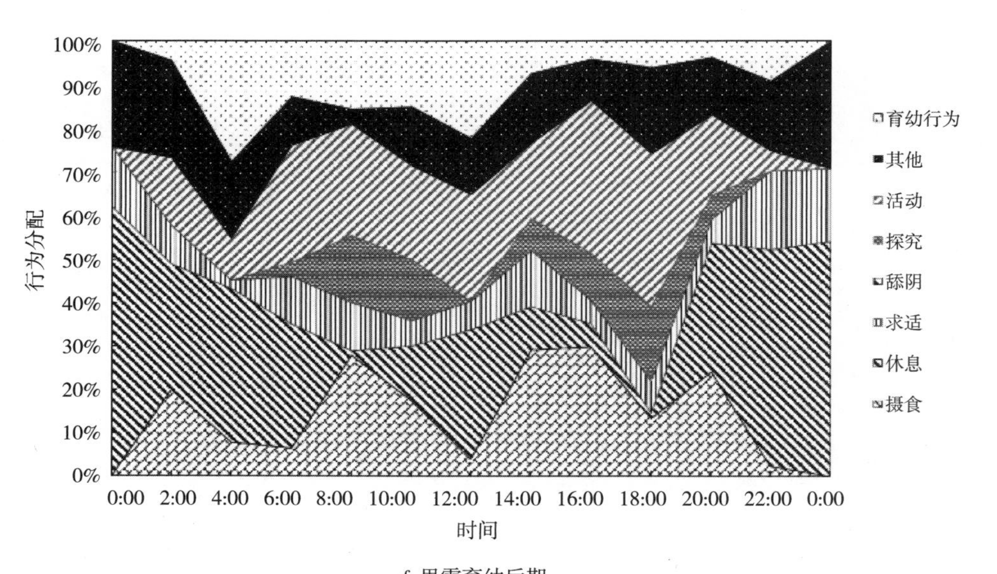

f. 思雪育幼后期

图3-6　圈养大熊猫哺乳期昼夜活动节律

根据Spearman相关性检验分析，大熊猫芊芊在育幼前期，其育幼行为与休息、活动行为呈现极显著负相关（$P<0.01$）；中期，育幼行为与摄食、休息、活动行为呈现极显著负相关（$P<0.01$）；后期，育幼行为与休息行为呈显著负相关（$P<0.05$）（表3-2）。大熊猫思雪在育幼中期，育幼行为与摄食、休息、活动行为呈极显著负相关（$P<0.01$）；后期，育幼行为与休息行为呈显著负相关（$P<0.05$）（表3-3）。

表3-2　芊芊育幼期间育幼行为与几种主要行为类型的相关系数

行为类型	摄食		休息		活动		舔阴	
	相关系数	P值	相关系数	P值	相关系数	P值	相关系数	P值
前期育幼行为	-0.500	0.667	-0.866	0.003	-0.866	0.003	-0.500	0.667
中期育幼行为	-0.900	0.001	-0.817	0.007	-0.817	0.007	0.411	0.272
后期育幼行为	0.086	0.872	-0.771	0.032	-0.600	0.208	/	/

表3-3　思雪育幼期间育幼行为与几种主要行为类型的相关系数

行为类型	摄食		休息		活动		舔阴	
	相关系数	*P*值	相关系数	*P*值	相关系数	*P*值	相关系数	*P*值
前期育幼行为	-0.500	0.667	/	/	-0.500	0.667	-0.500	0.667
中期育幼行为	-0.800	0.010	-0.933	0.000	-0.800	0.010	0.548	0.127
后期育幼行为	0.429	0.397	-0.771	0.032	-0.543	0.266	/	/

3.2.3　母性强弱

幼仔生长发育的不同阶段，母性的强弱往往发生一定的变化，而母性强弱的变化会通过育幼行为的变化表现出来[35]。在整个育幼期，护仔所占时间比值最高，其次为舔仔、哺乳、母仔互动。两熊猫的护仔和舔仔行为前期占比较高，母仔互动后期占比最高。对比两只大熊猫育幼期不同阶段育幼行为的时间可知，芊芊用于护崽、舔仔、哺乳和母仔互动的时间均高于思雪，说明芊芊的母性强于思雪（表3-4）。

表3-4　大熊猫不同育幼期育幼行为的比较

育幼行为类型	芊芊			思雪		
	前期（%）	中期（%）	后期（%）	前期（%）	中期（%）	后期（%）
护仔	82.48 ± 2.39^{a}	55.00 ± 14.60^{a}	18.39 ± 6.46^{b}	82.42 ± 2.55^{a}	44.54 ± 17.73^{ab}	7.86 ± 2.43^{b}
舔仔	11.82 ± 0.25^{a}	6.24 ± 2.26^{a}	2.23 ± 0.85^{b}	9.08 ± 1.42^{a}	2.93 ± 1.34^{b}	0.24 ± 0.07^{b}
哺乳	0.91 ± 0.18^{b}	2.08 ± 0.72^{a}	2.26 ± 0.54^{a}	1.44 ± 0.19^{b}	2.07 ± 0.38^{a}	1.79 ± 0.22^{ab}
母仔互动	0.01 ± 0.00^{b}	0.49 ± 0.06^{b}	4.90 ± 1.10^{a}	0.02 ± 0.01^{b}	0.70 ± 0.23^{b}	5.33 ± 0.97^{a}

注：同行数据上标小写字母完全不同表示差异显著（$P<0.05$），有任何相同小写字母或无字母的表示差异不差显（$P>0.05$）。

3.3 讨论

对育幼期动物行为时间分配和活动节律的认识将有助于濒危动物繁育质量的提高。育幼期作为动物重要的生活周期，其行为特征与其他生命时期往往具有一定的明显区别，而出现舔阴、舔仔、护仔和哺乳等特有的育幼行为。

本研究的2只大熊猫个体，其育幼经验完全不同，大熊猫思雪育幼经验丰富，而芊芊则属于初次育幼。研究结果表明，2只大熊猫个体在育幼期不同阶段，各行为的特征有相似之处，也有一定的差异。育幼期大熊猫的摄食、休息、活动、探究、求适及其他行为呈上升趋势，舔阴和育幼行为呈下降趋势。育幼期前期2只大熊猫的母性较强，表现在该时期育幼行为时间比例占所有行为的90%以上，这与Zhu等[36]对大熊猫育幼行为的研究结果类似。在育幼行为中，护仔所占的时间比例最大，其次是舔仔、哺乳和互动。育幼行为是幼仔顺利成长的保障。幼仔初生时身体羸弱，靠母兽将其环抱以维持所需的体温，母兽护仔的同时一般也会对其进行哺乳，以维持幼仔的生命所需。母兽舔仔不仅可以清除幼仔身上的异味，对幼仔进行唾液标记，同时也可以促使幼仔排便，促进幼仔血液循环[37]。该时期的幼仔由于体型较小，仅需要摄入少量的母乳便可以维持生命耗能，并且幼仔还不具有爬行等活动能力，所以观察到吃母乳和母子互动的时间较少。另外因为初生幼仔体型较小，母兽在护仔过程中出现哺乳行为而未被工作员观察到。值得一提是，育幼前期虽舔阴行为所占时间比例较少（2%），却是一个极其重要的行为，大熊猫舔阴的次数及时长很大程度上反映了恶露的排出情况[38]。该时期大熊猫的采食量极少，仅进食少量的竹叶和水，为了保证大熊猫的耗能和正常的产奶量，在母兽生产后的一个月内，工作人员须每天饲喂其一定量的红枣，在喂水时添加红糖、补液盐或葡萄糖等。随着幼仔的长大，育幼中期和后期，两母兽用于育幼、舔阴的时间减少，用于摄食、休息、活动及求适的时间增多。

本研究中，2只育幼期大熊猫的活动节律虽具有一定的个体差异性，但总体上，2只大熊猫在育幼前期育幼行为发生频次高，且全天均有发生，该时期育幼的关键时期，应尽量避免过多的人为干预。2只大熊猫的喂食时间选择在活动和摄食的高峰期，育幼中期，2大熊猫摄食、活动行为集中在白天，其中在8:00—16:00 2只大熊猫有共同的活动和摄食高峰期，育幼后期的8:00—9:00和14:00—16:00为2只大熊猫共同摄食的高峰期，所以上海野生动物园饲养员会在该时间段结合实际情况进行分批次喂料，喂食大熊猫的时间安排在大熊猫的摄食和活动高峰期，不仅可以提高大熊猫的进食效率，而且减少了食物的浪费。

由于研究对象的珍贵性和特殊性，对于圈养大熊猫，多以个体为研究对象，使研究结果具有一定的局限性。但我们对2只育幼经验不同的大熊猫育幼期行为节律进行研究，总结出大熊猫的育幼行为规律，以期为圈养大熊猫的兄弟单位提供理论基础，以促进圈养大熊猫种群的健康发展。

3.4 本章小结

本研究采用连续记录法和焦点取样法，2017年10月—2018年3月对上海野生动物园熊猫馆的2只雌性大熊猫在育幼期间的时间分配与活动节律进行了初步研究。结果表明，2个体在育幼期间，育幼行为是最主要的行为方式，在育幼前期占90%以上。在整个育幼期间，大熊猫的舔阴和育幼行为呈下降趋势；摄食、休息、活动、求适和其他行为呈上升趋势。但2个体之间也表现出一定差异：育幼经验不足的个体（芊芊）母性强于育幼经验丰富的个体（思雪），在育幼期不同阶段，芊芊用于护仔、舔仔、哺乳和母仔互动的时间均高于思雪。通过对上海野生动物园育幼期大熊猫行为的研究，为圈养育幼期的大熊猫饲养与管理提供科学依据。

第
4
章

上海及其周边地区大熊猫可食用竹类与大熊猫粪便的营养成分研究

竹类（*Bamboos*）是禾本科（*Poaceae*）竹亚科（*Bambusoideae*）植物类群的总称。竹亚科（*Bambusoideae*）包括3族，即青篱竹族（*Arundinarieae*）、莿竹族（*Bambuseae*）与莪利竹族（*Olyreae*）。

竹类（*Bamboos*）是禾本科（*Poaceae*）竹亚科（*Bambusoideae*）植物类群的总称。竹亚科（*Bambusoideae*）包括3族，即青篱竹族（*Arundinarieae*）、莿竹族（*Bambuseae*）与莪利竹族（*Olyreae*）。我国大熊猫主食竹类有13属94种[39]。野生环境中，大熊猫主食属于青篱竹族的巴山木竹属与箭竹属物种；圈养环境下，主要投喂属于青篱竹族的刚竹属与寒竹属物种。大熊猫春季发情配种，秋季产仔育幼。野生环境中，这两个繁殖活动的关键季节相对应的是大熊猫主要摄食竹笋。不同竹类植物的营养元素成分和含量因竹种、竹子部位、竹龄和竹子生长的立地条件不同有着极大的差异。竹笋比竹子其他部分有更高的蛋白质含量与更低的纤维素含量。在评价竹子营养价值方面，粗蛋白和粗脂肪含量越高代表其营养价值越高，粗纤维含量越高代表营养价值就越低[40]。

制定科学合理的食谱，是保证大熊猫健康生长、发育和繁衍的基础。营养不良、营养过剩、食物种类单一、精粗料比例搭配不协调等均会影响大熊猫的健康状况和自然交配能力。处于不同生活时期，不同生理条件下的大熊猫对营养物质的需求存在差异。前人确定的圈养成年雌性大熊猫常规营养成分的日均食物摄入量的参考范围为粗蛋白357.90 ~ 698.81 g，粗脂肪72.00 ~ 196.33 g，粗纤维467.07 ~ 574.86 g；亚成年大熊猫常规营养成分的日均食物摄入量参考范围为粗蛋白437.18 ~ 603.58 g，粗脂肪91.75 ~ 108.27 g，粗纤维715.38 ~ 993.64 g[8, 41]。

上海市分布有大熊猫主食竹14种，包括本地种4种及成功引种栽培的10种。上海周边地区、浙江省内分布有大熊猫主食竹27种，包括本地种7种及成功引种栽培的20种。本研究从上海及周边地区采集大熊猫主食竹刚竹属、大明竹属、寒竹属及箣竹属13种竹子，基于叶绿体*matK*和*ndhf*基因构建上海及周边地区的大熊猫可食用竹种与竹亚科其他物种的系统发育关系，分析了竹笋、竹叶和竹茎3个部位的常规营养成分和矿物元素含量，并与西南地区相应竹子的营养成分进行比较，拟提出上海及周边地区大熊猫的最佳食用竹类。此外，本研究还估算了上海野生动物园大熊猫成年个体与幼仔常规营养成分的日均食物摄入量和粪便排出量，拟为上海野生动物园大熊猫的食谱制定提供参考。最终从营养角度为大熊猫在低海拔地区繁殖、育幼与健康成长提供一定的理论指导与科技支撑。

4.1 材料与方法

4.1.1 样品采集和处理

本研究从上海及周边地区共采集大熊猫主食竹刚竹属、大明竹属、寒竹属及簕竹属13种竹子（表4-1、图4-1）。其中，6种竹子为上海及周边地区的本土种，另外7种竹子是上海及周边地区的引进栽培种。采集的竹子要求竹叶与竹茎的颜色和形态正常，竹子完好、无病虫危害，竹笋无虫蛀、霉坏现象。竹笋、竹叶和竹茎各取样3个个体作为重复，带回实验室进行系统发育分析、常规营养物质及矿物元素的测定。

表4-1　竹类植物取样信息

物种	采集时间	采集部位
刚竹属 *Phyllostachys*		
毛竹 *P. heterocycla*	20170416	竹笋、竹叶、竹茎
毛金竹 *P. nigra* var. *henonis**	20170416	竹笋
桂竹 *P. bambusoides*	20170518	竹笋、竹叶、竹茎
篌竹 *P. nidularia*	20170416	竹笋、竹叶、竹茎
淡竹 *P. glauca*	20170416	竹叶、竹茎
大明竹属 *Pleioblastus*		
斑苦竹 *Pl. maculatus**	20170518	竹笋、竹叶、竹茎
苦竹 *Pl. amarus*	20170518	竹笋、竹叶、竹茎
寒竹属 *Chimonobambusa*		
刺竹子 *C. pachystachys**	20170922	竹笋
方竹 *C. quadrangularis**	20170416	竹叶、竹茎
寒竹 *C. marmorea*	20170416	竹叶、竹茎
簕竹属 *Bambusa*		
青竿竹 *B. tuldoides**	20170922	竹笋
小佛肚竹 *B. ventricosa**	20170922	竹笋
慈孝竹 *B. multiplex**	20170312	竹叶、竹茎

注：“*”表示该种非上海及周边地区的本土种，为引进栽培种。

图4-1　本研究取样的竹种图片

4.1.2 DNA提取、PCR扩增与系统发育分析

所有竹类物种的总DNA提取自竹叶，提取方法为CTAB法。实验前将所有所需的耗材如研钵、移液枪头、离心管等高温灭菌备用。实验具体操作步骤如下：1）取硅胶干燥的竹子叶片约0.5 g于研钵，加入少许石英砂，倒入适量的液氮后，利用钵杵均匀快速研磨成粉末状。2）在研钵中用移液枪加入事先65 ℃预热的2%的CTAB提取液760 μL，用研杵搅拌研磨，将混匀的液体转移至标号的1.5 mL离心管中。振荡混匀，置于65 ℃水浴锅中水浴1 h以上，其间每隔10 min颠倒混匀数次。3）将水浴后的离心管取出，在通风橱内用移液枪加入氯仿：异戊醇（24∶1）溶液750 μL，放置于40 rpm摇床上10 min，待其充分混匀。4）将上述离心管置于10000 rpm转速的离心机内离心10 min，利用移液枪小心吸取上清液至另一洁净标号离心管中。在通风橱内利用移液枪往离心管内加入氯仿：异戊醇（24∶1）溶液750 μL，放置于40 rpm摇床上10 min，待其充分混匀。5）将离心管置于10000 rpm转速的离心机内离心10 min，吸取上清液转移入另一洁净标号离心管内。6）加入事先预冷的−20 ℃预冷的无水乙醇500 μL，用以沉降DNA，轻轻颠倒混匀离心管数次，置于−20 ℃冰箱内1 h以上。7）将离心管置于12000 rpm转速的离心机内离心10 min，弃去上清液，用吸水纸吸尽离心管口残余液体，注意不要将底部微小的白色DNA块一起弃去。8）用70%乙醇溶液洗涤底部DNA块两次，无水乙醇洗涤一次，洗涤步骤为：在离心管中加入洗涤剂500 μL，震荡后静置10 min，置于10000 rpm转速的离心机内离心5 min，弃去管内液体，吸水纸吸尽管口残余液体。9）用洁净吸水纸遮盖住离心管口，室温静置过夜，确保管内的乙醇已经挥发完全。10）往离心管中加入50 μL dd H_2O溶解DNA粉末，充分振荡均匀。取4 μL DNA与1 μL loading buffer混匀后，用1%的琼脂糖胶电泳检测DNA浓度，电泳时间为20 min，电压设置为220 V。记录电泳检测结果，剩余DNA置于−20 ℃冰箱中保存待用。

选用常用的植物叶绿体基因*matK*和*ndhf*作为分子标记。*matK*基

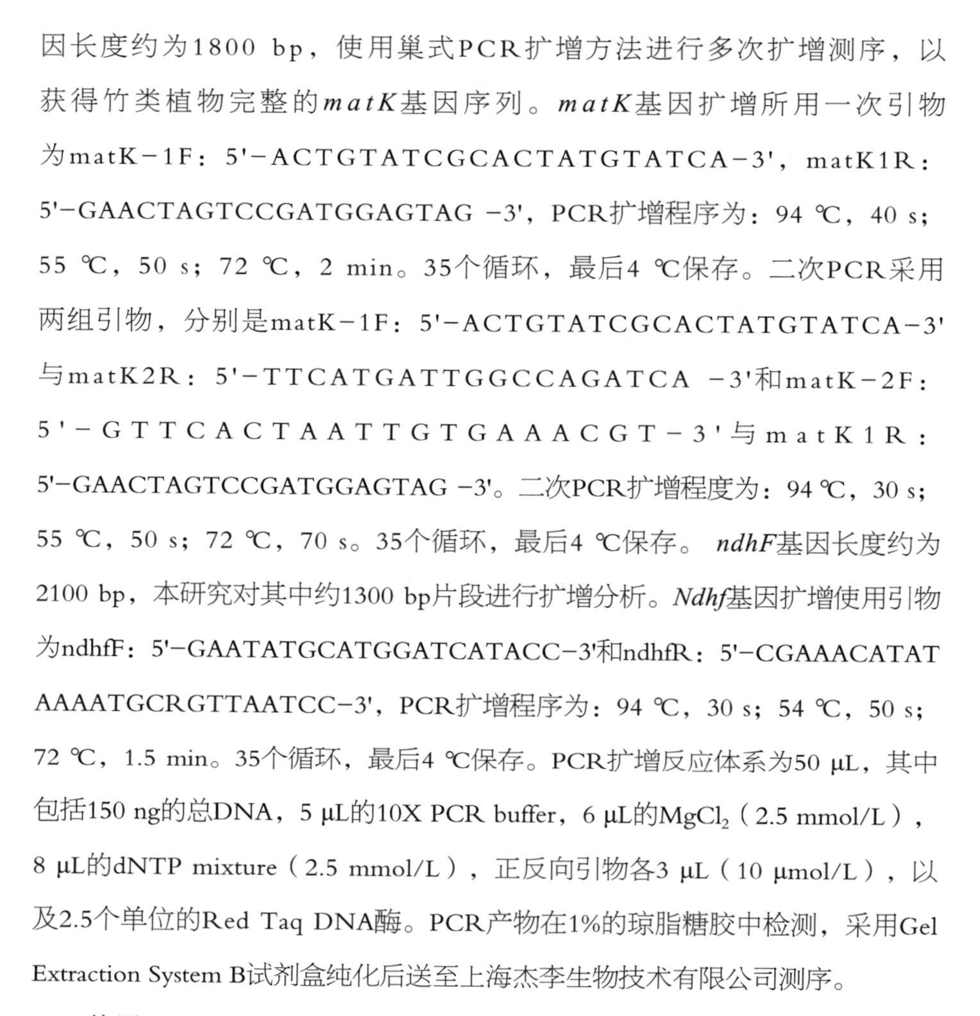

因长度约为1800 bp，使用巢式PCR扩增方法进行多次扩增测序，以获得竹类植物完整的*matK*基因序列。*matK*基因扩增所用一次引物为matK-1F：5'-ACTGTATCGCACTATGTATCA-3'，matK1R：5'-GAACTAGTCCGATGGAGTAG -3'，PCR扩增程序为：94 ℃，40 s；55 ℃，50 s；72 ℃，2 min。35个循环，最后4 ℃保存。二次PCR采用两组引物，分别是matK-1F：5'-ACTGTATCGCACTATGTATCA-3'与matK2R：5'-TTCATGATTGGCCAGATCA -3'和matK-2F：5'-GTTCACTAATTGTGAAACGT-3'与matK1R：5'-GAACTAGTCCGATGGAGTAG -3'。二次PCR扩增程度为：94 ℃，30 s；55 ℃，50 s；72 ℃，70 s。35个循环，最后4 ℃保存。 *ndhF*基因长度约为2100 bp，本研究对其中约1300 bp片段进行扩增分析。*Ndhf*基因扩增使用引物为ndhfF：5'-GAATATGCATGGATCATACC-3'和ndhfR：5'-CGAAACATATAAAATGCRGTTAATCC-3'，PCR扩增程序为：94 ℃，30 s；54 ℃，50 s；72 ℃，1.5 min。35个循环，最后4 ℃保存。PCR扩增反应体系为50 μL，其中包括150 ng的总DNA，5 μL的10X PCR buffer，6 μL的$MgCl_2$（2.5 mmol/L），8 μL的dNTP mixture（2.5 mmol/L），正反向引物各3 μL（10 μmol/L），以及2.5个单位的Red Taq DNA酶。PCR产物在1%的琼脂糖胶中检测，采用Gel Extraction System B试剂盒纯化后送至上海杰李生物技术有限公司测序。

使用Sequencher v5.4（Gene Codes Corporation，Ann Arbor，MI USA）进行序列拼接；使用MAFFT v7.376的E-INS-I算法进行序列对位，参数使用推荐设置：--genafpair；--maxiterate 1000。对位完成后将两基因串联构建联合数据集，使用Phyml v2.4.4重建系统发育树：碱基替换模型设为GTR+I+G模型，预测相应的碱基频率和非变异位点频率。

4.1.3 竹子的营养成分测定

取样新鲜样品1 kg，置于烘箱，105 ℃下杀青30 min后将烘箱温度调至

60 ℃烘至恒量，此时干重即为各部位的生物量，鲜重与干重差值即为含水量。采用凯氏定氮法（GB 5009.5—2016）进行粗蛋白含量的测定。称取干燥样品0.5 g，精确到0.001 g，至消化管中，再加入0.4 g硫酸铜、6 g硫酸钾及20 mL硫酸于消化炉进行消化，待液体呈绿色透明状时，取出冷却移至50 mL定容器中，加水定容，此为待测液体；取10 mL待测液体，用FOSS定氮仪测得含氮量，待测液的含氮量乘以6.25即为粗蛋白含量。

采用索氏抽提法（GB 5009.6—2016）进行粗脂肪含量的测定。称取干燥样品1 g封口后置于滤纸包中，精确至0.001 g，置于索氏提取器中，将滤纸包放于索氏提取器中，使用石油醚不断回流抽提（6～8次/小时），共抽提10 h。提取结束后取出滤纸包，105 ℃条件下烘干，冷却称重，脂肪包减轻的重量即为样品粗脂肪的含量。

采用酸碱法进行粗纤维的测定（GB/T 5009.10—2003）。取5 g干燥样品，放入500 mL锥形瓶中，加入200 mL煮沸的1.25%的硫酸，持续加热30分钟，每隔5分钟摇动锥形瓶一次；取下锥形瓶后通过亚麻布进行过滤，沸水洗涤至洗液不呈酸性；随后用200 mL煮沸的1.25%的氢氧化钠洗涤亚麻布的存留物至原锥形瓶内，加热30 min；取下锥形瓶，使用沸水洗涤2~3次，移至干燥称量的G2垂融坩埚中，抽滤，热水充分洗涤后，抽干，再使用乙醇和乙醚洗涤一次；将坩埚和内容物在105 ℃烘箱中烘干测量，待恒重后即可得出粗纤维的含量。

将装有0.2 g样品的瓷坩埚置于电炉上炭化至无烟，然后放入600 ℃左右的马弗炉中灼烧至无碳粒，所剩灰分的重量与样品重量的比值即为粗灰分含量。

测定分析矿物元素有钙、铁、铜、钾、锰、镁、锌，采用原子吸收分光光度计法进行测量，取样品1 g，加入浓硝酸和高氯酸的混合酸，在电炉中消化，待样品变为白色，即消化彻底后，将剩余物质使用离子水洗入50 mL容量瓶中，得到待测液，利用各元素的特征波长，采用原子吸收光谱仪测定各矿物元素的含量。

4.1.4 大熊猫日均食物摄入量与粪便排出量的营养成分分析

对上海野生动物园的2只成年大熊猫思雪和雅奥2018年1月至5月及两只幼仔大熊猫月月和半半2018年4月与5月的日均的食物摄入量与粪便排出量的营养成分进行了分析。

成年大熊猫思雪日均投喂窝头1.80 kg，竹笋4.00 kg；雅奥日均投喂窝头1.40 kg，胡萝卜0.50 kg，苹果0.20 kg。幼仔大熊猫月月和半半日均投喂窝头0.18 kg，胡萝卜0.18 kg，苹果0.07 kg，人工乳1.00 kg，竹笋1.20 kg。除上述食物外，每日还投喂慈孝竹、金镶玉竹、刚竹和早园竹等竹子供4只大熊猫自由采食。记录大熊猫每日排泄的鲜粪重量。依据前人研究估算的饲养大熊猫鲜粪中干物质的含量约为16.51%。其中，干物质中粗蛋白含量约为19.60%，粗脂肪含量约为7.89%，粗纤维含量约为16.50%。从而计算出大熊猫粪便排出量中日均粗蛋白、粗脂肪和粗纤维的含量。

在消化试验中，常使用全收粪法，相应的营养成分表观消化率计算公式为：*100%。依据前人研究估算的饲养大熊猫成年个体粗蛋白的表观消化率平均为73.79%，粗脂肪的表观消化率平均为60.15%，粗纤维的表观消化率平均为14.99%；大熊猫幼仔个体粗蛋白的表观消化率平均为54.56%，粗脂肪的表观消化率平均为49.50%，粗纤维的表观消化率平均为17.00%。结合粪便中营养成分的含量，计算出大熊猫食物摄入量中日均粗蛋白、粗脂肪和粗纤维的含量。

4.1.5 营养成分数据分析

在SPSS 25.0软件中对竹子营养成分进行方差分析，采用LSD法进行多重比较。

4.2 结果与分析

4.2.1 本研究采集竹种与竹亚科其他物种的系统发育关系

基于叶绿体基因*matK*和*ndhf*序列构建的本研究采集竹种与竹亚科其他物种的系统发育关系见图4-2。结果显示本研究采集的13种竹类植物中，毛金竹、桂竹、篌竹、淡竹、毛竹、刺竹子、方竹、寒竹、苦竹、斑苦竹共10种竹子与野生大熊猫主食竹种巴山木竹及秦岭箭竹一起隶属于青篱竹族，其余3种青竿竹、慈孝竹与小佛肚竹隶属于簕竹族。其中，毛金竹、桂竹、篌竹、淡竹、毛竹、刺竹子及方竹与巴山木竹亲缘关系较近，寒竹与秦岭箭竹关系亲缘关系较近，它们一起与苦竹及斑苦竹形成姊妹关系。

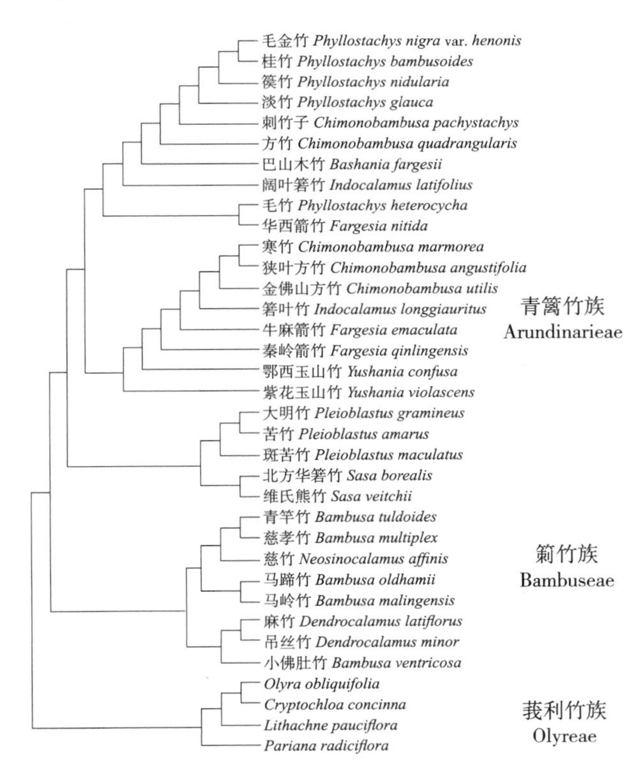

图4-2 基于叶绿体基因*matK*和*ndhf*序列构建的本研究采集竹种（红色表示）与竹亚科其他物种之间的系统发育关系（详见彩色插页图1）

4.2.2 上海及周边地区大熊猫可食用竹类的营养分析

4.2.2.1 竹笋的营养分析

上海及周边地区大熊猫可食用竹笋的常规营养成分见表4-2。不同竹种竹笋的粗蛋白含量在23.34%～43.12%，其中斑苦竹竹笋粗蛋白含量最高，苦竹竹笋粗蛋白含量最低。方差分析结果显示不同属之间的粗蛋白含量差异不显著；同属不同种之间仅大明竹属物种之间的粗蛋白含量差异显著，其他属物种之间差异不显著。不同竹种竹笋的粗脂肪含量在1.02%～9.52%，其中苦竹竹笋粗脂肪含量最高，毛金竹竹笋粗脂肪含量最低。方差分析结果显示大明竹属竹笋的粗脂肪含量显著地高于其他属；刚竹属与大明竹属的属内不同种之间竹笋的粗脂肪含量差异显著，其他属物种之间差异不显著。不同竹种竹笋的粗灰分含量在7.21%～15.04%，其中刺竹子竹笋粗灰分含量最高，小佛肚竹竹笋粗灰分含量最低。方差分析结果显示寒竹属竹笋的粗灰分含量显著地高于其他属，大明竹属和簕竹属竹笋的粗灰分含量显著地低于其他属；同属不同种之间竹笋的粗灰分含量差异均不显著。不同竹种竹笋的粗纤维含量在6.62%～19.37%，其中小佛肚竹竹笋粗纤维含量最高，刺竹子竹笋粗纤维含量最低。方差分析结果显示簕竹属竹笋的粗纤维含量显著地高于其他属，寒竹属竹笋的粗纤维含量显著地低于其他属；刚竹属和大明竹属竹笋的属内不同种之间竹笋的粗纤维含量差异显著，其他属物种之间差异不显著。

上海及周边地区大熊猫可食用竹笋的矿物元素成分见表4-3。不同竹种竹笋的钙元素含量在348.61～2136.39 mg/kg，其中刺竹子竹笋钙元素含量最高，毛金竹竹笋钙元素含量最低。方差分析显示寒竹属和簕竹属竹笋的钙元素含量显著地高于其他属，刚竹属竹笋的钙元素含量显著地低于其他属，同属不同种之间仅大明竹属竹笋物种之间的钙元素含量差异显著。不同竹种竹笋的铁元素含量在28.35～187.88 mg/kg，其中苦竹竹笋的铁元素含量最高，桂竹竹笋的铁元素含量最低。方差分析显示不同属间的铁元素含量差异显著，刚竹属和大明竹属的属内不同种之间竹笋的铁元素含量差异显著。不同竹种竹笋的铜元素含量在5.49～37.33 mg/kg，其中刺竹子竹笋的铜元素含量最高，桂竹竹笋的铜元素含量最低。方差分析结果显示不同属间竹笋的铜元素含量差异显著，寒竹属竹笋的铜元素含量显著地高于其他属；刚竹属和大明竹属的属内不同种之间竹笋的含量差异显著。不同竹种竹笋的钾元素含量在430.22～5868.57 mg/kg，其中篌竹竹笋的钾元素含量最高，小佛肚竹竹笋的钾元素含量最低。方差分析显示不同属间竹笋的钾元素含量差异显著，同属不同种之间竹笋的钾元素含量差异均不显著。不同竹种竹笋的镁元素含量在1294.11～2425.36 mg/kg，其中刺竹子竹笋的镁元素含量最高，桂竹竹笋的镁元素含量最低。方差分析结果显示刚竹属和其他属之间竹笋的镁元素含量差异显著，刚竹属和簕竹属的属内不同种之间竹笋的镁元素含量差异显著。不同竹种竹笋的锰元素含量在14.31～71.96 mg/kg，其中青竿竹竹笋的锰元素含量最高，刺竹子竹笋的锰元素含量最低。方差分析结果显示不同属间竹笋的锰元素含量差异显著，刚竹属和簕竹属不同种之间竹笋的锰元素含量差异显著。不同竹种竹笋的锌元素含量在53.94～251.57 mg/kg，其中苦竹竹笋的锌元素含量最高，小佛肚竹竹笋的锌元素含量最低。方差分析结果显示大明竹属和其他属竹笋的锌元素含量差异显著，刚竹属和大明竹属的属内不同种之间竹笋的锌元素含量差异显著。

表4-2 不同种类竹笋常规营养成分含量（%）

竹属	竹笋	粗蛋白（n=3）	粗脂肪（n=3）	粗灰分（n=3）	粗纤维（n=3）
刚竹属	毛竹春笋	31.06 ± 0.07	1.68 ± 0.15^{bX}	10.65 ± 0.48^{X}	7.15 ± 0.14^{bX}
	毛金竹春笋	33.16 ± 1.00	1.02 ± 0.08^{bX}	11.60 ± 0.28^{X}	9.26 ± 0.65^{bX}
	桂竹春笋	31.63 ± 1.15	6.78 ± 0.41^{aX}	11.31 ± 0.47^{X}	11.62 ± 0.89^{aX}
	篌竹春笋	31.55 ± 0.55	2.53 ± 0.06^{bX}	10.75 ± 0.05^{X}	10.91 ± 1.09^{aX}
大明竹属	斑苦竹春笋	43.12 ± 0.57^{a}	3.26 ± 0.24^{aY}	8.48 ± 0.06^{Y}	8.68 ± 0.34^{aX}
	苦竹春笋	23.34 ± 1.63^{b}	9.52 ± 0.52^{bY}	8.05 ± 0.16^{Y}	15.63 ± 0.45^{bX}
寒竹属	刺竹子秋笋	30.79 ± 0.37	3.37 ± 0.20^{X}	15.04 ± 0.53^{Z}	6.62 ± 0.21^{Y}
簕竹属	青竿竹秋笋	30.65 ± 0.34	2.50 ± 0.08^{X}	9.69 ± 0.30^{Y}	13.58 ± 0.27^{Z}
	小佛肚竹秋笋	32.78 ± 0.50	1.72 ± 0.01^{X}	7.21 ± 0.10^{Y}	19.37 ± 0.28^{Z}

注：统计方法为单因素方差分析，采用最小平方根法（LSD）进行多重比较。同列数据的上标a、b表示同属的物种之间差异显著（$P<0.05$），X、Y、Z表示不同的属之间差异显著（$P<0.05$）。任何相同字母或无字母的表示差异不显著（$P>0.05$）。

表4-3　不同种类竹笋矿物质成分含量（mg/kg）

竹属	竹笋	钙（n=3）	铁（n=3）	铜（n=3）	钾（n=3）	镁（n=3）	锰（n=3）	锌（n=3）
刚竹属	毛竹春笋	667.26 ± 21.42^{X}	86.06 ± 0.90^{aX}	14.16 ± 0.39^{aX}	5642.09 ± 228.34^{X}	2025.76 ± 49.65^{aX}	62.72 ± 2.18^{aX}	183.07 ± 10.53^{aX}
	毛金竹春笋	348.61 ± 14.32^{X}	56.76 ± 0.83^{aX}	11.41 ± 0.93^{aX}	4289.90 ± 175.05^{X}	1941.60 ± 146.40^{aX}	31.15 ± 0.91^{bX}	73.43 ± 4.17^{bX}
	桂竹春笋	445.51 ± 5.81^{X}	28.35 ± 1.98^{bX}	5.49 ± 0.30^{bX}	4462.33 ± 81.96^{X}	1294.11 ± 84.10^{bX}	15.69 ± 2.25^{cX}	122.06 ± 5.86^{bX}
	篌竹春笋	642.49 ± 20.35^{X}	70.44 ± 1.62^{aX}	14.19 ± 0.36^{aX}	5868.67 ± 108.65^{X}	1590.33 ± 62.96^{bX}	42.73 ± 1.56^{aX}	81.14 ± 5.63^{bX}
大明竹属	斑苦竹春笋	1145.25 ± 97.03^{aY}	81.64 ± 0.71^{aY}	9.03 ± 0.28^{aY}	1474.36 ± 114.88^{Y}	2118.01 ± 55.82^{Y}	24.88 ± 0.60^{X}	89.09 ± 1.06^{aY}
	苦竹春笋	859.37 ± 27.32^{bY}	187.88 ± 4.33^{bY}	26.60 ± 0.98^{bY}	1862.80 ± 10.52^{Y}	1908.36 ± 48.79^{Y}	24.42 ± 0.78^{X}	251.57 ± 8.32^{bY}
寒竹属	刺竹子秋笋	2136.39 ± 91.38^{Z}	128.84 ± 0.90^{Z}	37.33 ± 0.22^{Z}	3556.76 ± 223.29^{Z}	2425.36 ± 207.43^{Y}	14.31 ± 0.28^{Y}	171.83 ± 1.04^{X}
簕竹属	青竿竹秋笋	1181.71 ± 167.36^{Z}	83.61 ± 0.15^{Y}	17.03 ± 0.38^{X}	3586.85 ± 72.30^{aZ}	2081.01 ± 46.83^{aY}	71.96 ± 2.08^{aZ}	75.60 ± 2.63^{X}
	小佛肚竹秋笋	1543.71 ± 100.88^{Z}	56.74 ± 0.72^{Y}	11.17 ± 0.72^{X}	430.22 ± 11.92^{bZ}	1524.41 ± 34.60^{bY}	25.25 ± 1.83^{bZ}	53.94 ± 2.45^{X}

注：统计方法为单因素方差分析，采用最小平方根法（LSD）进行多重比较。同列数据的上标a、b表示同属的物种之间差异显著（$P<0.05$），X、Y、Z表示不同的属之间差异显著（$P<0.05$）。任何相同字母或无字母的表示差异不显著（$P>0.05$）。

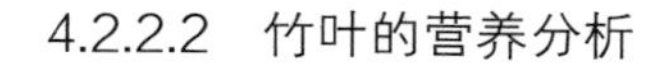

4.2.2.2 竹叶的营养分析

上海及周边地区大熊猫可食用竹叶的常规营养成分见表4-4。不同竹种竹叶的粗蛋白含量在11.36%～17.47%，其中苦竹竹叶的粗蛋白含量最高，桂竹竹叶的粗蛋白含量最低。方差分析结果显示刚竹属和箣竹属竹叶的粗蛋白含量和其他属差异显著，刚竹属的属内不同种之间竹叶的粗蛋白含量差异显著。不同竹种竹叶的粗脂肪含量在2.05%～3.14%，其中慈孝竹竹叶的粗脂肪含量最高，寒竹竹叶的粗脂肪含量最低。方差分析结果显示寒竹属竹叶的粗脂肪含量显著地低于其他属，刚竹属的属内不同种之间竹叶的粗脂肪含量差异显著。不同竹种竹叶的粗灰分含量在6.93%～13.20%，其中斑苦竹竹叶的粗灰分含量最高，篌竹竹叶的粗灰分含量最低。方差分析结果显示大明竹属竹叶的粗灰分含量显著地高于其他属，属内不同种间竹叶的粗灰分含量差异均不显著。不同竹种竹叶的粗纤维含量在28.17%～43.56%，其中慈孝竹竹叶的粗纤维含量最高，淡竹竹叶的粗纤维含量最低。方差分析结果显示不同属间竹叶的粗纤维含量差异显著，箣竹属竹叶的粗纤维含量显著地高于其他属；属内不同种间竹叶的粗纤维含量差异均不显著。

上海及周边地区大熊猫可食用竹叶的矿物元素成分见表4-5。不同竹种竹叶的钙元素含量在3.62～9.90 mg/g，其中篌竹叶的钙元素含量最高，苦竹竹叶的钙元素含量最低。方差分析结果显示刚竹属、箣竹属、寒竹属与大明竹属竹叶的钙元素含量差异较为显著，但各属属内钙元素含量差异均不显著。不同竹种竹叶的铁元素含量在0.10～0.44 mg/g，其中斑苦竹竹叶的铁元素含量最高，刚竹属毛竹、篌竹与桂竹的铁元素含量最低。方差分析结果显示刚竹属竹叶的铁元素含量显著地低于其他属，各竹属属内不同种间竹叶的铁元素含量差异均不显著。不同竹种竹叶的铜元素含量在0.10～0.07 mg/g，其中大明竹属斑苦竹的铜元素含量最高，刚竹属淡竹、毛竹、篌竹、佳竹，箣竹属慈孝竹，寒竹属方竹、寒竹的铜元素含量最低。方差分析结果显示大明竹属竹叶的铜元素含量显著地高于其他属，各竹属属内不同种间竹叶的铜元素含量差异均不显著。不同竹种竹叶的钾元素含量在1.87～10.39 mg/g，其中方竹竹叶的钾元素含量最高，刚竹属毛竹钾元素含量最低。方差分析结果显示刚竹属和簕竹属竹叶的钾元素含量与寒竹属和大明竹属有显著差别，刚竹属的属内不同种之间竹叶的钾元素含量差异显著。不同竹种竹叶的镁元素含量在0.93～2.29 mg/g，其中大明竹属斑苦竹的镁元素含量最高，刚竹属佳竹镁元素含量最低。方差分析结果显示大明竹属竹叶的镁元素含量显著地高于其他属；刚竹属的属内不同种之间竹叶的镁元素含量差异显著，寒竹属内不同种之间竹叶的镁元素含量差异显著。不同竹种竹叶的锰元素含量在0.05～0.34 mg/g，其中慈孝竹竹叶的锰元素含量最高，寒竹属方竹锰元素含量最低。方差分析结果显示锰元素在刚竹属、簕竹属、寒竹属与大明竹属间含量差异较为显著，各竹属属内不同种间竹叶的锰元素含量差异均不显著。不同竹种竹叶的锌元素含量在0.02～0.12 mg/g，其中大明竹属苦竹的锌元素含量最高，刚竹属毛竹锌元素含量最低。方差分析结果显示大明竹属竹叶的锌元素含量显著地高于其他属，各竹属属内不同种间竹叶的锌元素含量差异均不显著。

表4-4　不同种类竹叶常规营养成分含量（%）

竹属	竹叶	粗蛋白（n=3）	粗脂肪（n=3）	粗灰分（n=3）	粗纤维（n=3）
刚竹属	淡竹	12.91 ± 0.41^{aX}	2.45 ± 0.29^{aX}	7.72 ± 0.30^{X}	28.17 ± 0.75^{X}
	毛竹	15.74 ± 0.35^{bX}	2.92 ± 0.11^{bX}	7.24 ± 0.37^{X}	30.38 ± 0.61^{X}
	篌竹	13.11 ± 1.48^{aX}	3.02 ± 0.32^{bX}	6.93 ± 0.09^{X}	28.33 ± 1.08^{X}
	桂竹	11.36 ± 0.69^{aX}	2.29 ± 0.25^{aX}	7.42 ± 0.57^{X}	29.22 ± 0.75^{X}
簕竹属	慈孝竹	14.41 ± 1.21^{X}	3.14 ± 0.37^{X}	12.39 ± 0.66^{Y}	43.56 ± 2.03^{Y}
寒竹属	方竹	17.36 ± 1.13^{Y}	2.11 ± 0.06^{Y}	8.76 ± 0.40^{X}	36.57 ± 1.93^{Z}
	寒竹	17.11 ± 0.42^{Y}	2.05 ± 0.19^{Y}	9.53 ± 0.62^{X}	37.12 ± 0.90^{Z}
大明竹属	苦竹	17.47 ± 0.64^{Y}	2.64 ± 0.16^{X}	12.25 ± 0.53^{Y}	28.27 ± 1.37^{X}
	斑苦竹	17.26 ± 0.99^{Y}	2.87 ± 0.17^{X}	13.20 ± 0.56^{Y}	29.84 ± 2.15^{X}

注：统计方法为单因素方差分析，采用最小平方根法（LSD）进行多重比较。同列数据的上标a、b表示同属的物种之间差异显著（$P<0.05$），X、Y、Z表示不同的属之间差异显著（$P<0.05$）。任何相同字母或无字母的表示差异不显著（$P>0.05$）。

表4-5　不同种类竹叶矿物质成分含量（mg/g）

竹属	竹叶	钙（n=3）	铁（n=3）	铜（n=3）	钾（n=3）	镁（n=3）	锰（n=3）	锌（n=3）
刚竹属	淡竹	9.10 ± 0.73^{X}	0.13 ± 0.04^{X}	0.01 ± 0.00^{X}	2.04 ± 0.23^{aX}	1.34 ± 0.10^{aX}	0.09 ± 0.02^{X}	0.04 ± 0.01^{X}
	毛竹	9.11 ± 0.16^{X}	0.10 ± 0.03^{X}	0.01 ± 0.00^{X}	1.87 ± 0.12^{aX}	0.99 ± 0.05^{bX}	0.06 ± 0.01^{X}	0.02 ± 0.01^{X}
	篌竹	9.90 ± 0.56^{X}	0.10 ± 0.02^{X}	0.01 ± 0.00^{X}	1.98 ± 0.03^{aX}	1.23 ± 0.09^{aX}	0.08 ± 0.01^{X}	0.03 ± 0.01^{X}
	桂竹	8.49 ± 0.42^{X}	0.10 ± 0.01^{X}	0.01 ± 0.00^{X}	2.32 ± 0.15^{bX}	0.93 ± 0.11^{bX}	0.08 ± 0.01^{X}	0.03 ± 0.01^{X}
簕竹属	慈孝竹	5.76 ± 0.34^{Y}	0.27 ± 0.01^{Y}	0.01 ± 0.00^{X}	3.95 ± 0.19^{X}	1.45 ± 0.18^{X}	0.34 ± 0.05^{Y}	0.06 ± 0.01^{X}
寒竹属	方竹	4.84 ± 0.16^{Y}	0.39 ± 0.02^{Y}	0.01 ± 0.00^{X}	10.39 ± 0.76^{Y}	1.13 ± 0.09^{aX}	0.05 ± 0.01^{X}	0.02 ± 0.01^{X}
	寒竹	5.39 ± 0.23^{Y}	0.43 ± 0.08^{Y}	0.01 ± 0.00^{X}	8.38 ± 0.53^{Y}	0.96 ± 0.11^{bX}	0.06 ± 0.01^{X}	0.04 ± 0.01^{X}
大明竹属	苦竹	3.62 ± 0.09^{Z}	0.37 ± 0.06^{Y}	0.06 ± 0.01^{Y}	6.67 ± 1.04^{Y}	2.14 ± 0.34^{Y}	0.19 ± 0.02^{Z}	0.12 ± 0.01^{Y}
	斑苦竹	3.88 ± 0.08^{Z}	0.44 ± 0.05^{Y}	0.07 ± 0.00^{Y}	7.35 ± 1.54^{Y}	2.29 ± 0.18^{Y}	0.23 ± 0.02^{Z}	0.11 ± 0.02^{Y}

注：统计方法为单因素方差分析，采用最小平方根法（LSD）进行多重比较。同列数据的上标a、b表示同属的物种之间差异显著（$P<0.05$），X、Y、Z表示不同的属之间差异显著（$P<0.05$）。任何相同字母或无字母的表示差异不显著（$P>0.05$）。

4.2.2.3 竹茎的营养分析

上海及周边地区大熊猫可食用竹茎的常规营养成分见表4–6。不同竹种竹茎的粗蛋白含量在1.79%～4.78%。其中方竹竹茎粗蛋白含量最高，苦竹竹茎粗蛋白含量最低。方差分析结果显示大明竹属粗蛋白含量显著地低于其他属；同属不同种之间仅刚竹属毛竹与其他物种的粗蛋白含量差异显著，其他属物种之间差异不显著。不同竹种竹茎的粗脂肪含量在0.67%～2.47%，其中苦竹竹茎粗脂肪含量最高，方竹竹茎粗脂肪含量最低。方差结果显示箣竹属和大明竹属的粗脂肪含量显著高于其他属，刚竹属和寒竹属的属内不同种之间竹茎的粗脂肪含量差异显著。不同竹种竹茎的粗灰分含量在3.71%～7.20%。其中慈孝竹竹茎粗灰分含量最高，毛竹竹茎粗灰分含量最低。方差分析结果显示，箣竹属竹茎粗灰分含量显著高于其他属，同属不同种之间竹茎的粗灰分含量差异均不显著。不同竹种竹茎的粗纤维含量在42.30%～55.60%，其中方竹竹茎粗纤维含量最高，篌竹竹茎粗纤维含量最低。方差结果显示大明竹属竹茎粗纤维含量与其他属存在显著差异；同属不同种之间仅寒竹属两个物种间的粗纤维含量差异显著，其他属物种之间差异不显著。

上海及周边地区大熊猫可食用竹茎的矿物元素成分见表4–7。不同竹种竹茎的钙元素含量在0.21～1.07 mg/g，其中苦竹竹茎钙元素含量最高，毛竹竹茎钙元素含量最低。方差分析显示大明竹属竹茎的钙元素含量显著地高于其他属，刚竹属、箣竹属钙元素含量显著地低于其他属；同属不同种之间竹茎的钙元素含量差异均不显著。不同竹种竹笋的铁元素含量在0.19～0.85 mg/g，其中斑苦竹竹茎铁元素含量最高，毛竹竹茎铁元素含量最低。方差分析结果表明大明竹属竹茎的铁元素含量显著地高于其他属，刚竹属和大明竹属的属内不同种之间竹茎的铁元素含量差异显著。不同竹种竹茎的铜元素含量在0.02～0.06 mg/g，其中慈孝竹和斑苦竹竹茎铜元素含量最高，寒竹竹茎铜元素含量最低。方差分析结果显示大明竹属及箣竹属竹茎的铜元素含量显著地高于其他属，同属不同种之间竹茎的铜元素含量差异均不显著。不同竹种竹茎的钾元素含量在2.87～8.31 mg/g，其中寒竹竹茎钾元素含量最高，苦竹含量最低。

方差分析结果显示箣竹属与寒竹属竹茎的钾元素含量显著高于其他属；同属不同种之间仅刚竹属毛竹与其他物种的钾元素含量差异显著。不同竹种竹茎的镁元素含量在0.36～1.62 mg/g，其中斑苦竹竹茎镁元素含量最高，毛竹和桂竹竹茎镁元素含量最低。方差分析结果显示大明竹属竹茎镁元素含量显著高于其他属，同属不同种之间竹茎的镁元素含量差异均不显著。不同竹种竹茎的锰元素含量在0.40～0.70 mg/g，其中桂竹和斑苦竹竹茎锰元素含量最高，方竹竹茎锰元素含量最低。方差分析结果显示不同竹种属间及属内锰元素含量均无显著差异。不同竹种竹茎的锌元素含量在0.30～0.60 mg/g，其中篌竹、方竹、寒竹与斑苦竹竹茎锌元素含量最高，桂竹与苦竹锌元素含量最低。方差分析结果显示属间锌元素含量差异不显著，刚竹属和大明竹属的属内不同种之间竹茎的锌元素含量差异显著。

表4-6　不同种类竹茎常规营养成分含量（%）

竹属	竹茎	粗蛋白（n=3）	粗脂肪（n=3）	粗灰分（n=3）	粗纤维（n=3）
刚竹属	淡竹	3.71 ± 0.28^{aX}	0.86 ± 0.16^{aX}	4.10 ± 0.29^{X}	46.67 ± 2.49^{X}
	毛竹	3.09 ± 0.23^{bX}	1.12 ± 0.12^{bX}	3.71 ± 0.29^{X}	47.93 ± 0.95^{X}
	篌竹	3.86 ± 0.35^{aX}	0.74 ± 0.05^{aX}	4.30 ± 0.09^{X}	42.30 ± 1.70^{X}
	桂竹	3.98 ± 0.35^{aX}	0.88 ± 0.06^{aX}	3.72 ± 0.14^{X}	43.20 ± 3.05^{X}
簕竹属	慈孝竹	4.43 ± 0.25^{X}	2.20 ± 0.11^{Y}	7.20 ± 1.10^{Y}	45.07 ± 1.73^{X}
寒竹属	方竹	4.78 ± 0.31^{X}	0.67 ± 0.13^{aX}	4.40 ± 0.54^{X}	55.60 ± 4.45^{aX}
	寒竹	4.58 ± 0.69^{X}	1.33 ± 0.28^{bX}	3.91 ± 0.38^{X}	47.58 ± 2.06^{bX}
大明竹属	苦竹	1.79 ± 0.29^{Y}	2.47 ± 0.13^{Y}	5.19 ± 0.81^{X}	53.73 ± 2.05^{Y}
	斑苦竹	1.91 ± 0.31^{Y}	2.36 ± 0.61^{Y}	4.86 ± 0.75^{X}	50.43 ± 2.96^{Y}

注：统计方法为单因素方差分析，采用最小平方根法（LSD）进行多重比较。同列数据的上标a、b表示同属的物种之间差异显著（$P<0.05$），X、Y表示不同的属之间差异显著（$P<0.05$）。任何相同字母或无字母的表示差异不显著（$P>0.05$）。

表4-7　不同种类竹茎矿物元素含量（mg/g）

竹属	竹茎	钙（n=3）	铁（n=3）	铜（n=3）	钾（n=3）	镁（n=3）	锰（n=3）	锌（n=3）
刚竹属	淡竹	0.21 ± 0.04^{X}	0.26 ± 0.02^{aX}	0.04 ± 0.00^{X}	4.61 ± 0.67^{aX}	0.37 ± 0.04^{X}	0.06 ± 0.00	0.04 ± 0.01^{a}
	毛竹	0.23 ± 0.06^{X}	0.19 ± 0.02^{bX}	0.05 ± 0.01^{X}	3.73 ± 0.13^{bX}	0.36 ± 0.02^{X}	0.05 ± 0.01	0.04 ± 0.00^{a}
	篌竹	0.27 ± 0.05^{X}	0.31 ± 0.05^{aX}	0.04 ± 0.00^{X}	4.42 ± 0.16^{aX}	0.45 ± 0.04^{X}	0.05 ± 0.01	0.06 ± 0.00^{b}
	桂竹	0.25 ± 0.06^{X}	0.31 ± 0.04^{aX}	0.05 ± 0.00^{X}	4.62 ± 0.24^{aX}	0.36 ± 0.01^{X}	0.07 ± 0.00	0.03 ± 0.00^{a}
簕竹属	慈孝竹	0.35 ± 0.03^{X}	0.33 ± 0.09^{X}	0.06 ± 0.01^{Y}	6.30 ± 0.70^{Y}	0.57 ± 0.13^{X}	0.06 ± 0.01	0.05 ± 0.01
寒竹属	方竹	0.58 ± 0.05^{Y}	0.45 ± 0.05^{X}	0.04 ± 0.01^{X}	8.27 ± 0.32^{Y}	0.67 ± 0.09^{X}	0.04 ± 0.00	0.06 ± 0.01
	寒竹	0.74 ± 0.02^{Y}	0.35 ± 0.02^{X}	0.02 ± 0.00^{X}	8.31 ± 0.53^{Y}	0.73 ± 0.05^{X}	0.05 ± 0.01	0.06 ± 0.01
大明竹属	苦竹	1.07 ± 0.11^{Z}	0.55 ± 0.16^{aY}	0.05 ± 0.01^{Y}	2.87 ± 0.20^{X}	1.61 ± 0.16^{Y}	0.06 ± 0.01	0.03 ± 0.02^{a}
	斑苦竹	0.98 ± 0.14^{Z}	0.85 ± 0.13^{bY}	0.06 ± 0.01^{Y}	2.89 ± 0.59^{X}	1.62 ± 0.08^{Y}	0.07 ± 0.01	0.06 ± 0.01^{b}

注：统计方法为单因素方差分析，采用最小平方根法（LSD）进行多重比较。同列数据的上标a、b表示同属的物种之间差异显著（$P<0.05$），X、Y、Z表示不同的属之间差异显著（$P<0.05$）。任何相同字母或无字母的表示差异不显著（$P>0.05$）。

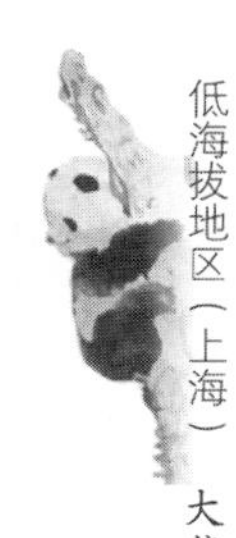

4.2.3 上海及周边地区与西南地区竹类的营养成分比较

4.2.3.1 竹笋的营养成分比较

上海及周边地区与西南地区大熊猫可食用竹子竹笋的常规营养成分比较见图4−3。方差分析结果显示上海及周边地区大明竹属竹笋的粗蛋白含量显著高于西南地区；上海及周边地区寒竹属和大明竹属竹笋的粗脂肪含量显著低于西南地区；上海及周边地区寒竹属和大明竹属竹笋的粗灰分含量显著高于西南地区；上海及周边地区寒竹属竹笋的粗纤维含量显著低于西南地区，大明竹属竹笋的粗纤维含量显著高于西南地区。

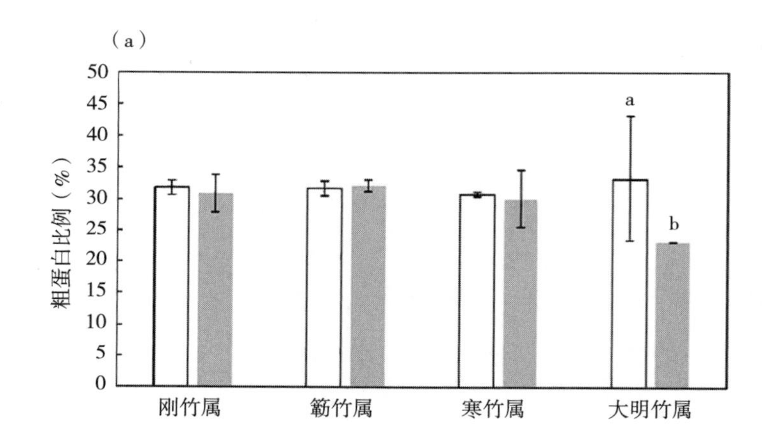

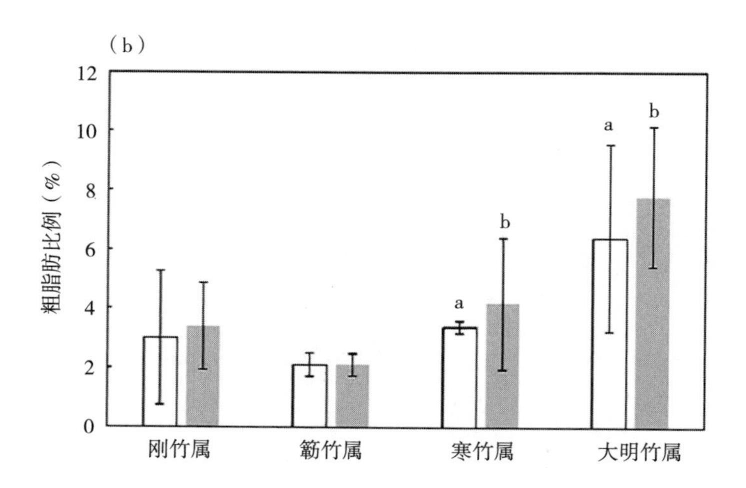

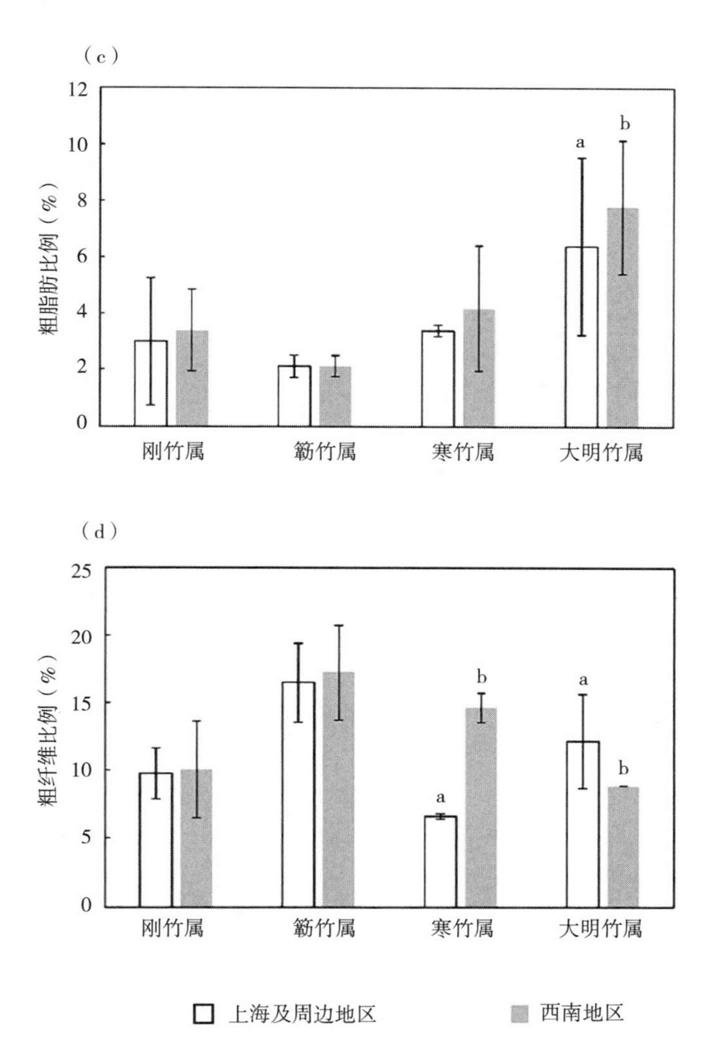

图4-3　上海及周边地区与西南地区同属竹笋常规营养成分含量比较

注：统计方法为单因素方差分析，采用最小平方根法（LSD）进行多重比较。a、b表示同属不同地区之间差异显著（$P<0.05$）。

上海及周边地区与西南地区大熊猫可食用竹子竹笋的矿物元素比较见图4-4。方差分析结果显示上海及周边地区箣竹属和大明竹属竹笋的钾元素含量显著低于西南地区；上海及周边地区刚竹属和箣竹属竹笋的钙元素和镁元素含量显著低于西南地区；上海及周边地区箣竹属竹笋的铁元素和铜元素含量显著低于西南地区，寒竹属和大明竹属竹笋的铁元素和铜元素含量显著高于西南地

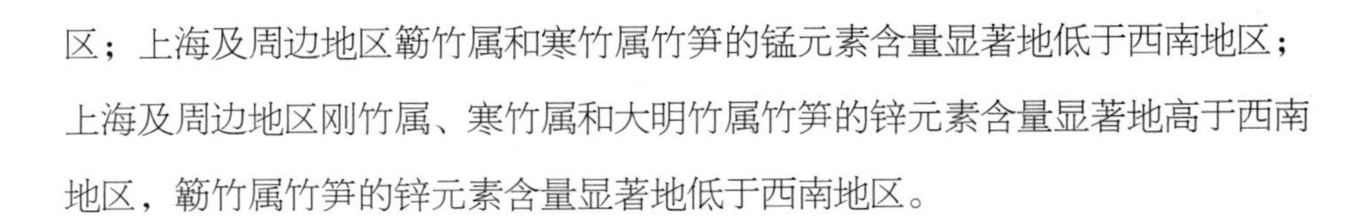
区；上海及周边地区簕竹属和寒竹属竹笋的锰元素含量显著地低于西南地区；上海及周边地区刚竹属、寒竹属和大明竹属竹笋的锌元素含量显著地高于西南地区，簕竹属竹笋的锌元素含量显著地低于西南地区。

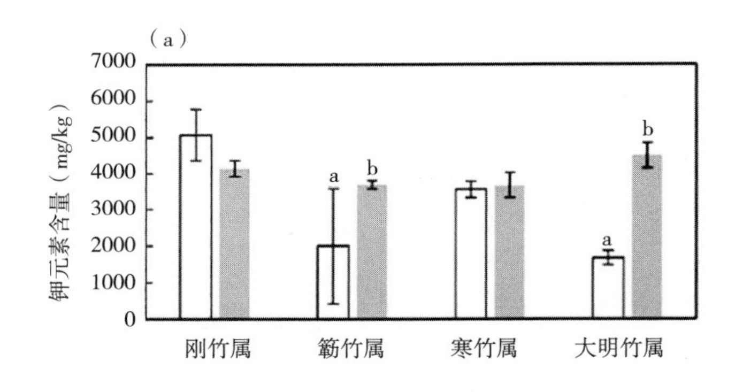

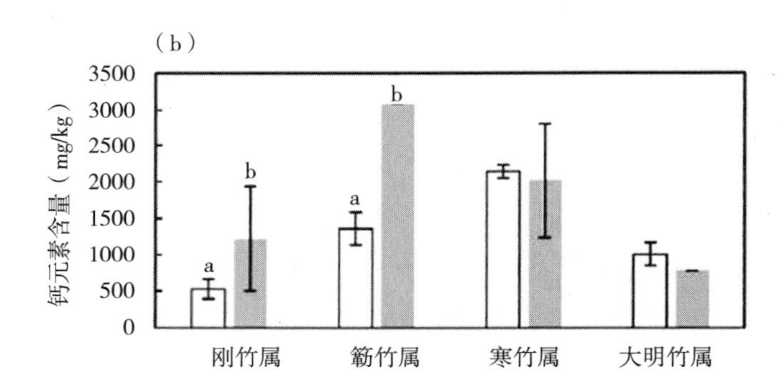

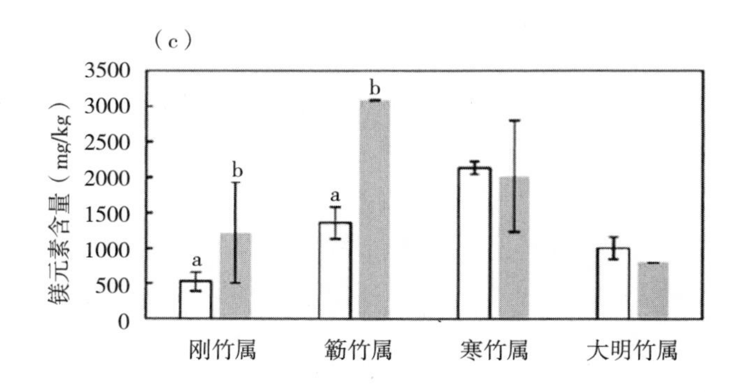

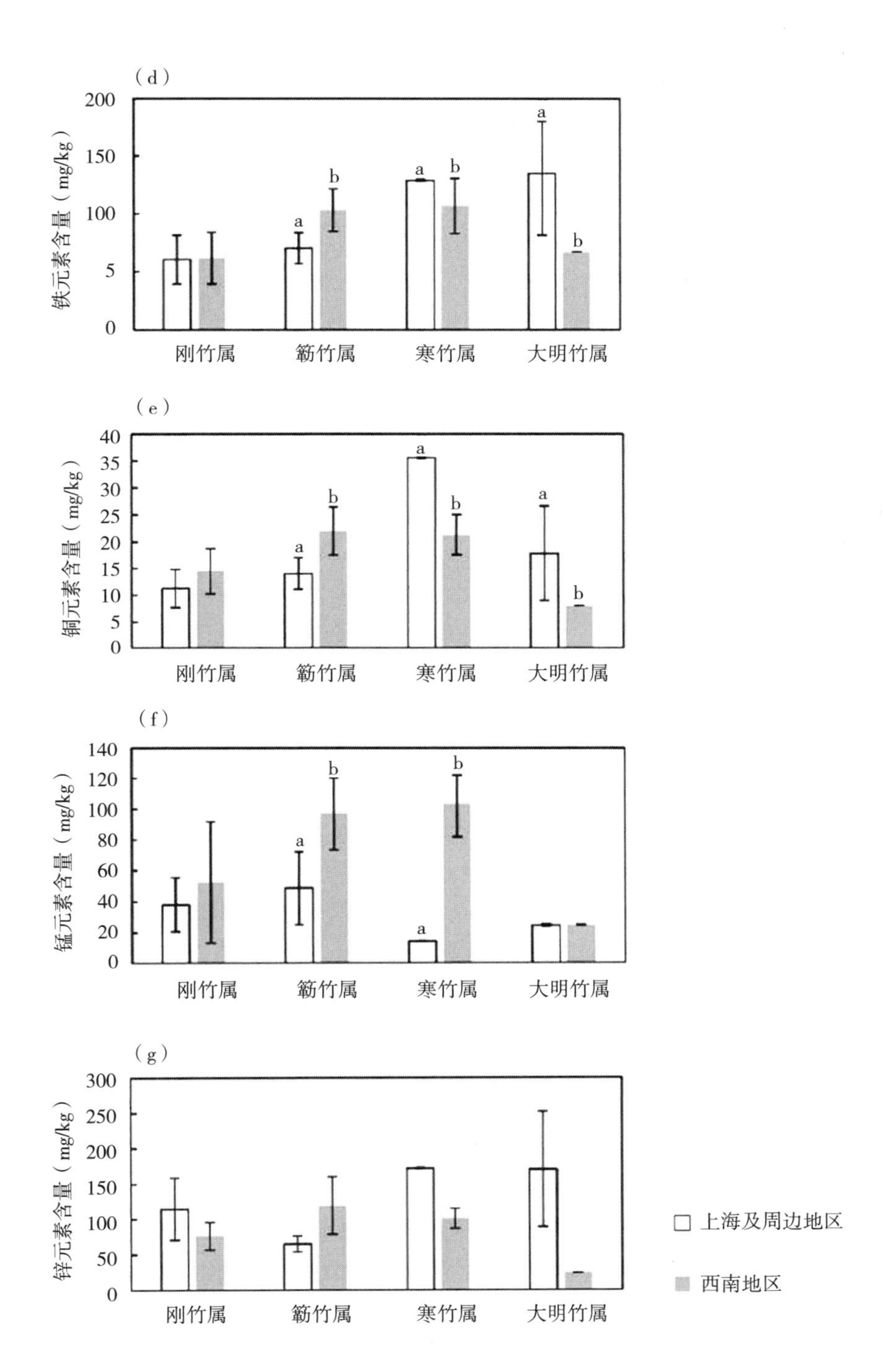

图4-4　上海及周边地区与西南地区同属竹笋矿物元素含量比较

注：统计方法为单因素方差分析，采用最小平方根法（LSD）进行多重比较。a、b表示同属不同地区之间差异显著（$P<0.05$）。

4.2.3.2　竹叶的营养成分比较

上海及周边地区与西南地区大熊猫可食用竹子竹叶的常规营养成分比较见图4-5。方差分析结果显示，上海及周边地区寒竹属竹叶的粗蛋白含量显著低于西南地区，上海及周边地区刚竹属、簕竹属、寒竹属和大明竹属竹叶的粗蛋白含量与西南地区差异不显著，上海及周边地区簕竹属和大明竹属竹叶的粗灰分含量显著高于西南地区，上海及周边地区簕竹属和寒竹属竹叶的粗纤维含量显著高于西南地区。

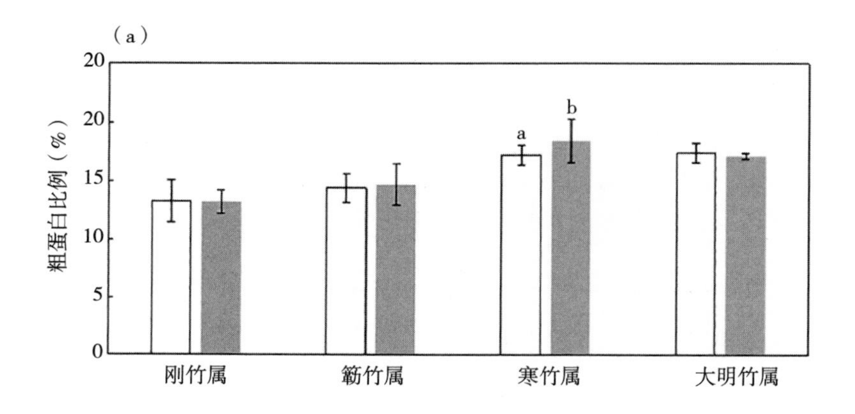

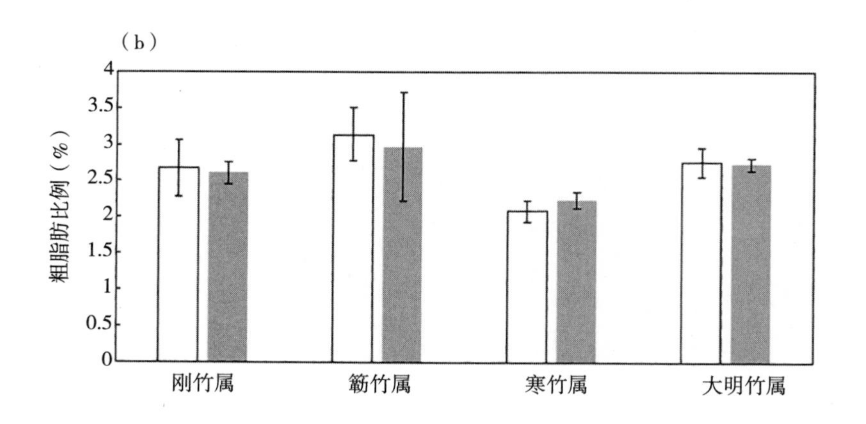

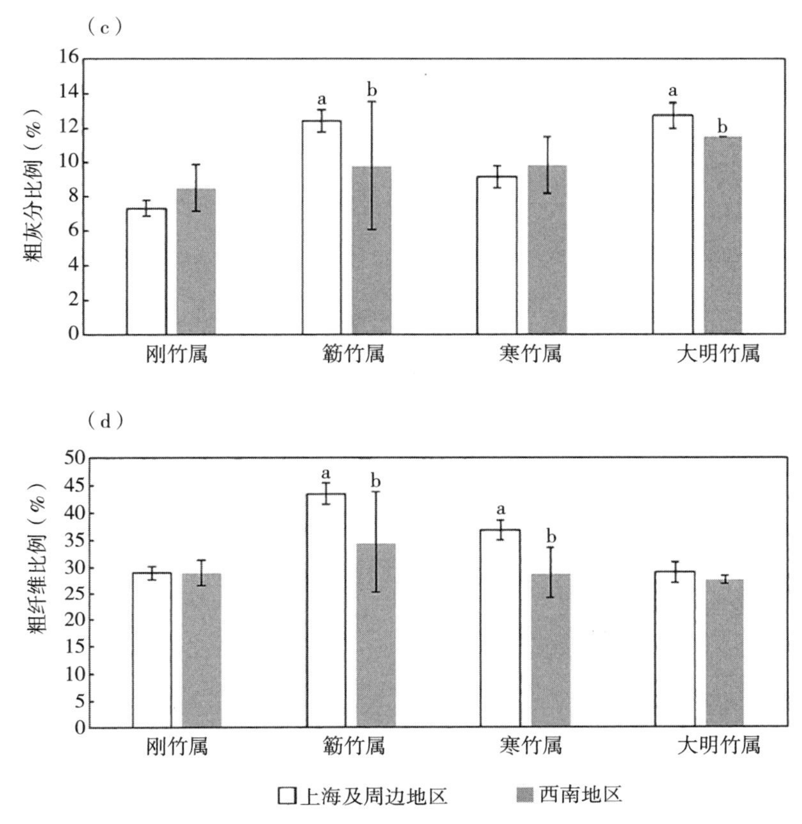

图4-5　上海及周边地区与西南地区同属竹叶常规营养成分含量比较

注：统计方法为单因素方差分析，采用最小平方根法（LSD）进行多重比较。a、b表示同属不同地区之间差异显著（*P<0.05*）。

上海及周边地区与西南地区大熊猫可食用竹子竹叶的矿物元素比较见图4-6。方差分析结果显示上海及周边地区簕竹属竹叶的钾元素含量显著低于西南地区；上海及周边地区刚竹属、簕竹属、寒竹属和大明竹属竹叶的钙元素含量显著高于西南地区；上海及周边地区簕竹属竹叶的镁元素含量显著低于西南地区；上海及周边地区刚竹属竹叶的铁元素含量显著低于西南地区，寒竹属竹叶的铁元素含量显著高于西南地区；上海及周边地区刚竹属和大明竹属竹叶的铜元素含量显著低于西南地区；上海及周边地区簕竹属竹叶的锰元素含量显著高于西南地区，寒竹属竹叶的锰元素含量显著低于西南地区；上海及周边地区大明竹属竹叶的锌元素含量显著低于西南地区。

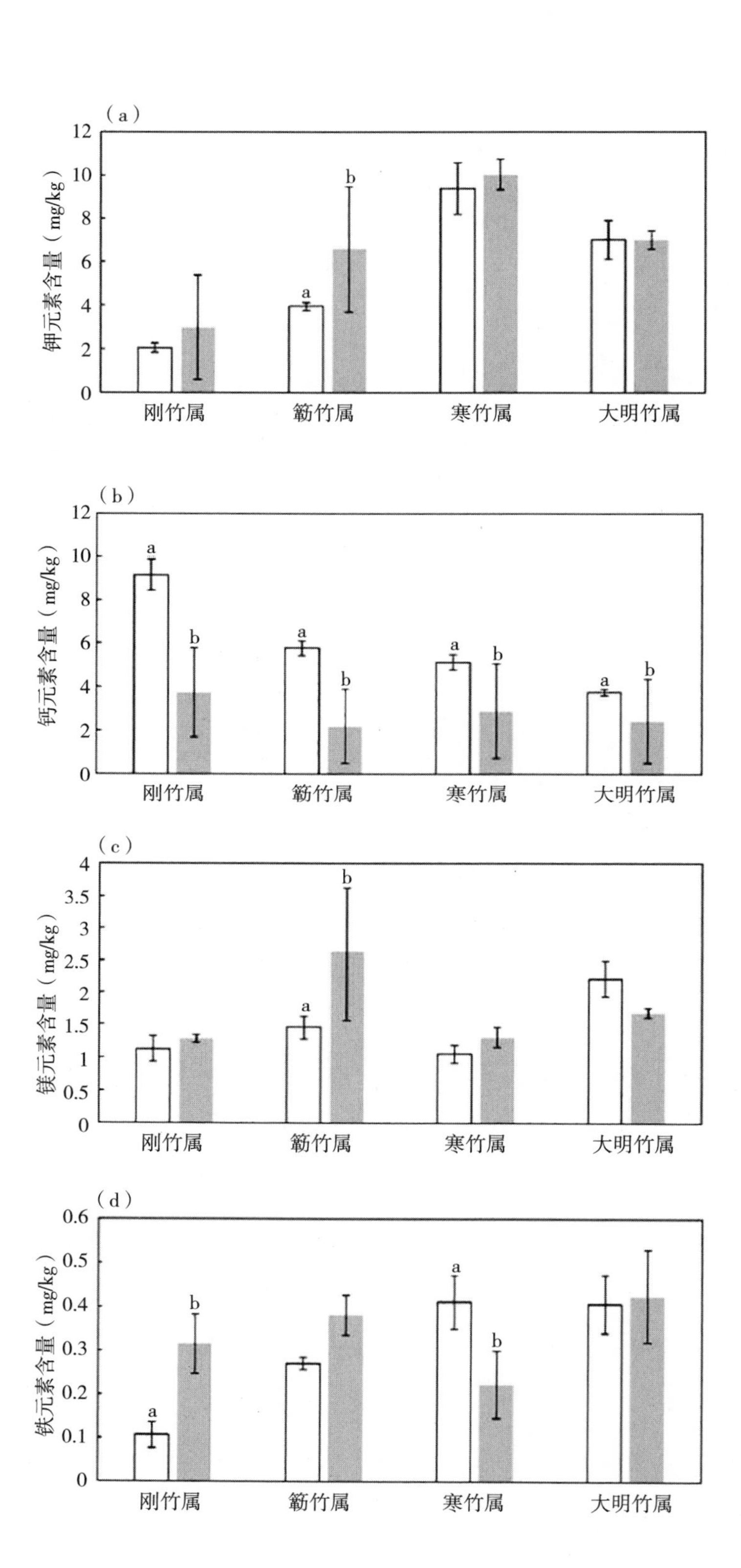
（a）
钾元素含量（mg/kg）
0
2
4
6
8
10
12
a
b
刚竹属
簕竹属
寒竹属
大明竹属
（b）
钙元素含量（mg/kg）
0
2
4
6
8
10
12
a
b
a
b
a
b
a
b
刚竹属
簕竹属
寒竹属
大明竹属
（c）
镁元素含量（mg/kg）
0
0.5
1
1.5
2
2.5
3
3.5
4
a
b
刚竹属
簕竹属
寒竹属
大明竹属
（d）
铁元素含量（mg/kg）
0
0.1
0.2
0.3
0.4
0.5
0.6
a
b
a
b
刚竹属
簕竹属
寒竹属
大明竹属

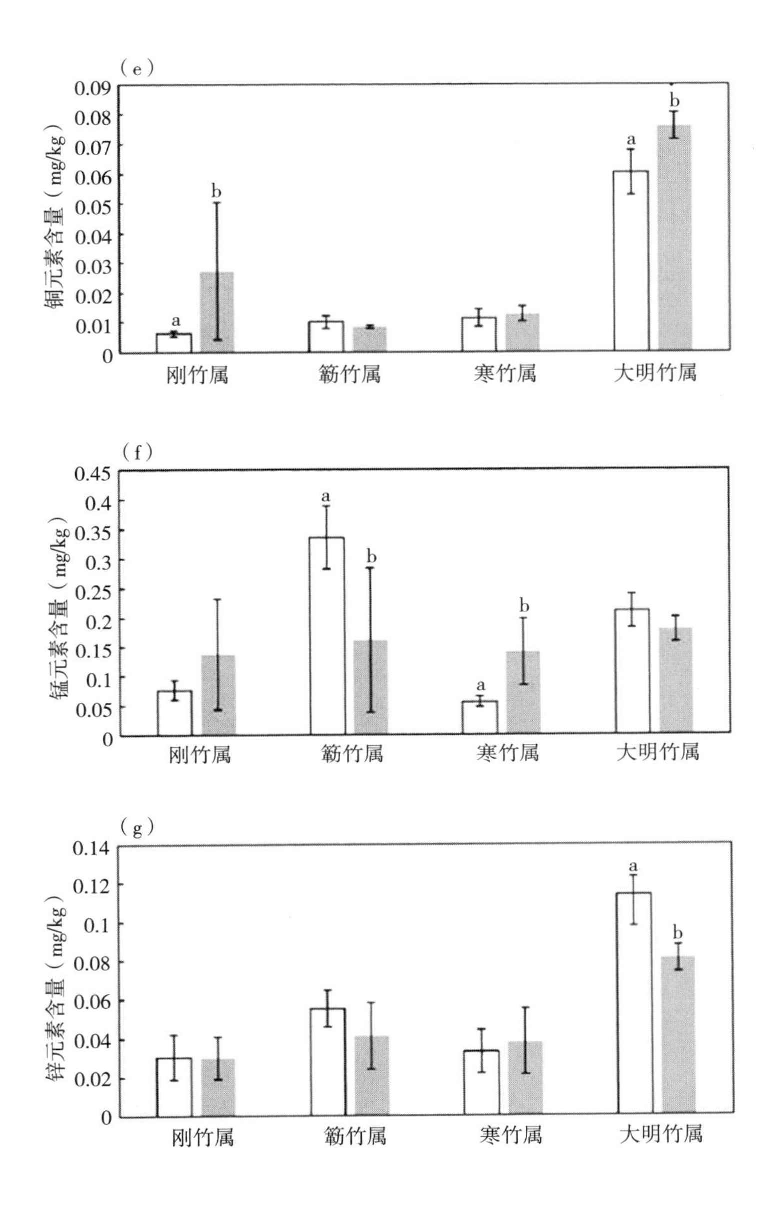

图4-6　上海及周边地区与西南地区同属竹叶矿物元素含量比较

注：统计方法为单因素方差分析，采用最小平方根法（LSD）进行多重比较。a、b表示同属不同地区之间差异显著（*P*<0.05）。

4.2.3.3 竹茎的营养成分比较

上海及周边地区与西南地区大熊猫可食用竹子竹茎的常规营养成分比较见图4-7。方差分析结果显示，上海及周边地区刚竹属、簕竹属、寒竹属和大明竹属竹茎的粗蛋白和粗纤维含量与西南地区差异不显著，上海及周边地区大明竹属竹茎的粗脂肪含量显著地高于西南地区，上海及周边地区刚竹属和簕竹属竹茎的粗灰分含量显著地高于西南地区。

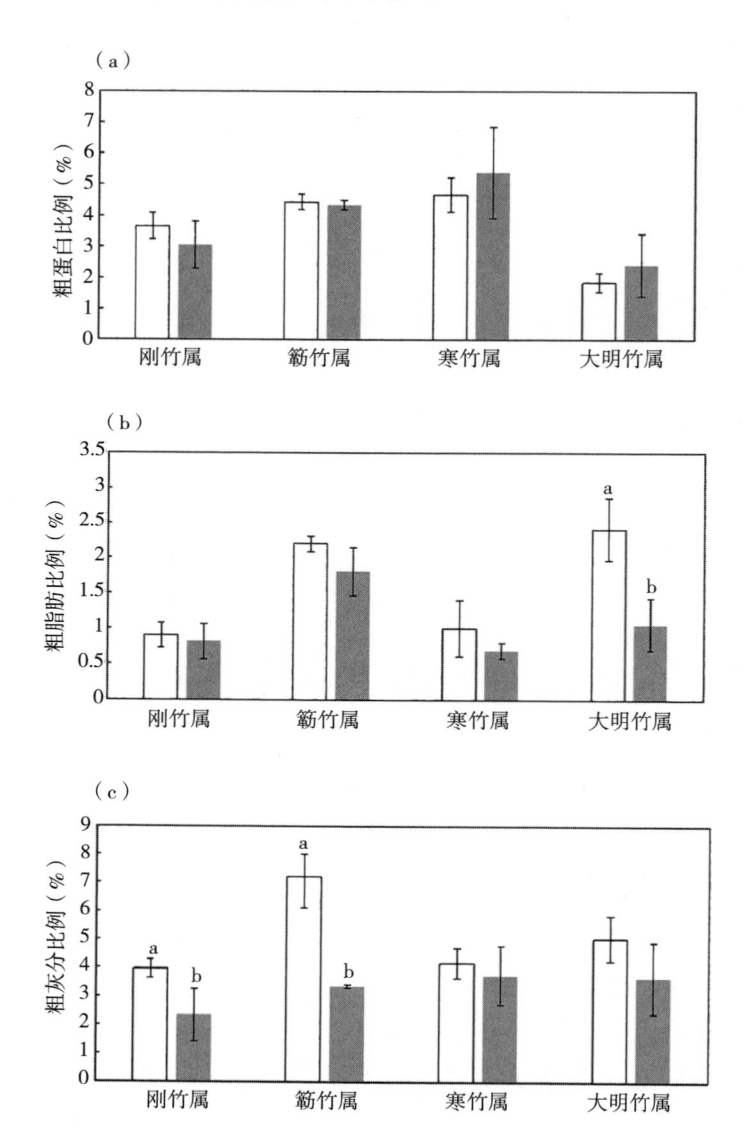

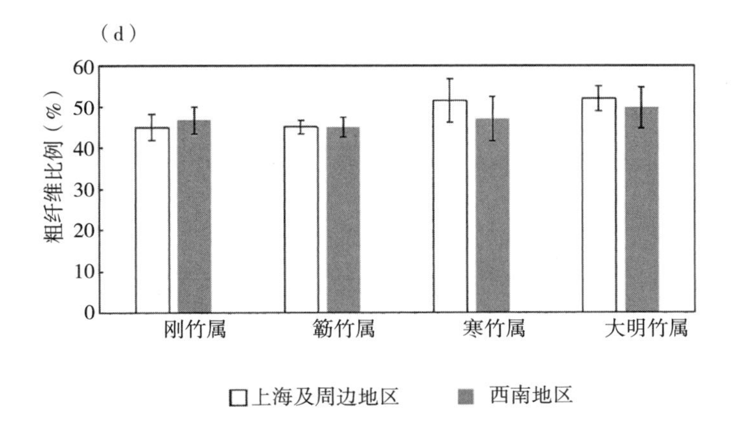

图4-7　上海及周边地区与西南地区同属竹茎常规营养成分含量比较

注：统计方法为单因素方差分析，采用最小平方根法（LSD）进行多重比较。a、b表示同属不同地区之间差异显著（$P<0.05$）。

上海及周边地区与西南地区大熊猫可食用竹子竹茎的矿物元素比较见图4-8。方差分析结果显示，上海及周边地区刚竹属竹茎的钾元素含量显著低于西南地区，簕竹属竹茎的钾元素含量显著高于西南地区；上海及周边地区寒竹属和大明竹属竹茎的钙元素含量显著高于西南地区；上海及周边地区刚竹属、簕竹属、寒竹属和大明竹属竹茎的镁元素含量与西南地区差异不显著；上海及周边地区簕竹属竹茎的铁元素含量显著高于西南地区，大明竹属竹茎的铁元素含量显著低于西南地区；上海及周边地区簕竹属竹茎的铜元素含量显著高于西南地区；上海及周边地区刚竹属和簕竹属竹茎的锰元素含量显著高于西南地区；上海及周边地区刚竹属和寒竹属竹茎的锌元素含量显著高于西南地区。

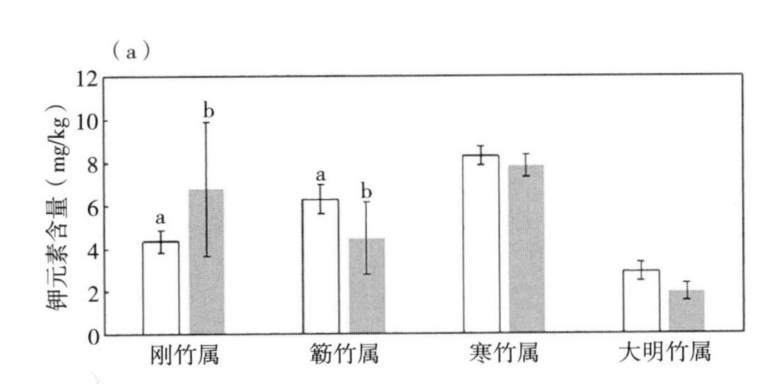

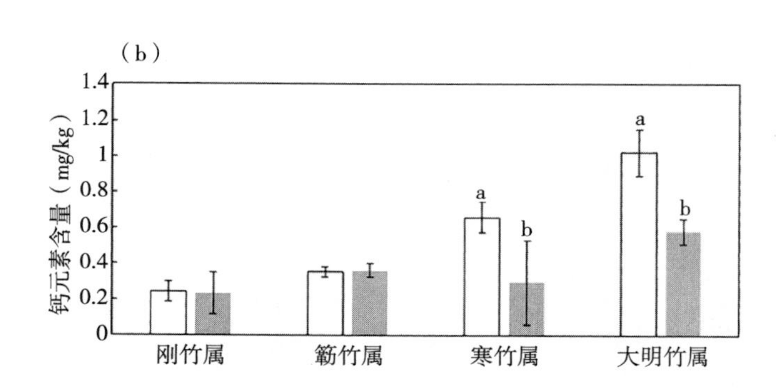
（b）
钙元素含量（mg/kg）
1.4
1.2
1
0.8
0.6
0.4
0.2
0
a
b
a
b
刚竹属
箣竹属
寒竹属
大明竹属

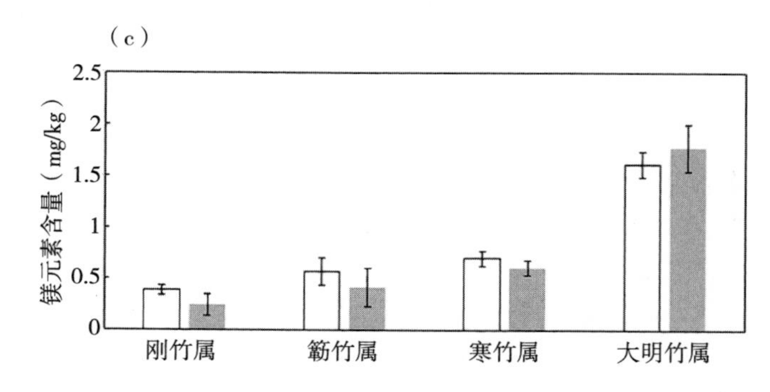
（c）
镁元素含量（mg/kg）
2.5
2
1.5
1
0.5
0
刚竹属
箣竹属
寒竹属
大明竹属

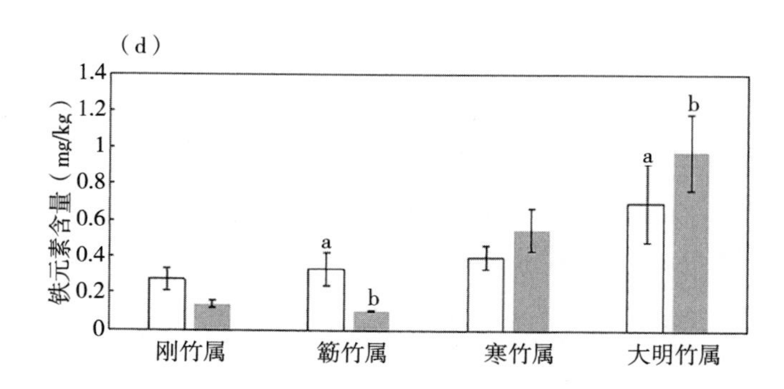
（d）
铁元素含量（mg/kg）
1.4
1.2
1
0.8
0.6
0.4
0.2
0
a
b
a
b
刚竹属
箣竹属
寒竹属
大明竹属

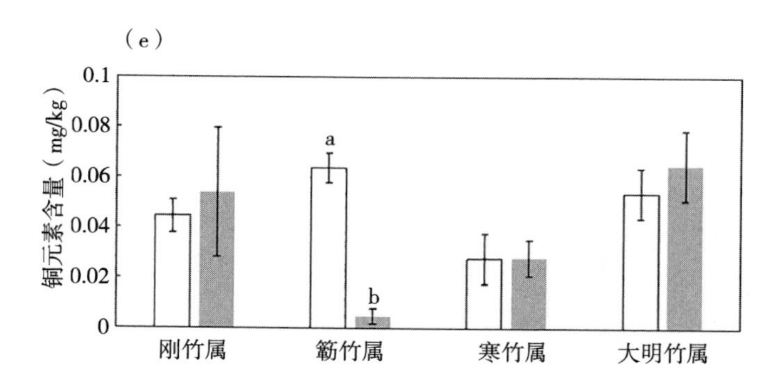
（e）
铜元素含量（mg/kg）
0.1
0.08
0.06
0.04
0.02
0
a
b
刚竹属
箣竹属
寒竹属
大明竹属

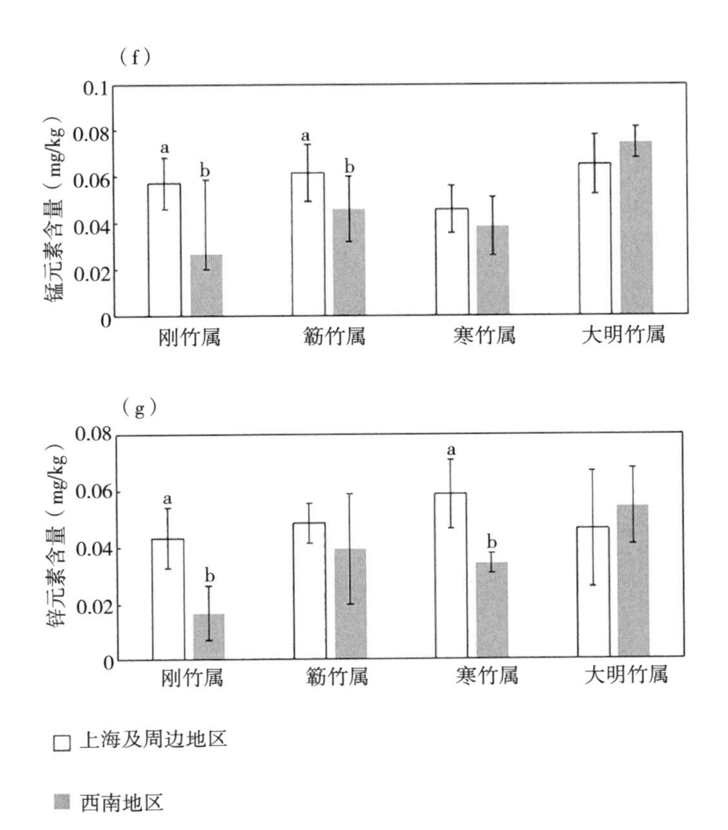

图4-8　上海及周边地区与西南地区同属竹茎矿物元素含量比较

注：统计方法为单因素方差分析，采用最小平方根法（LSD）进行多重比较。a、b表示同属不同地区之间差异显著（$P<0.05$）。

4.2.4 大熊猫日均食物摄入量和粪便排出量的营养成分分析

上海野生动物园4只大熊猫常规营养成分的日均食物摄入量和粪便排出量见表4-8。大熊猫成年个体思雪与雅奥常规营养成分的日均食物摄入量和粪便排出量在研究期间的不同月份间基本稳定。其中，大熊猫思雪日均摄入食物的粗蛋白含量为308.66～412.36 g/d，粗脂肪含量为81.56～108.96 g/d，粗纤维含量为399.95～534.34 g/d；日均排泄粪便中的粗蛋白含量为80.90～108.08 g/d，粗脂肪含量为32.50～43.42 g/d，粗纤维含量为340.00～454.24 g/d。大熊

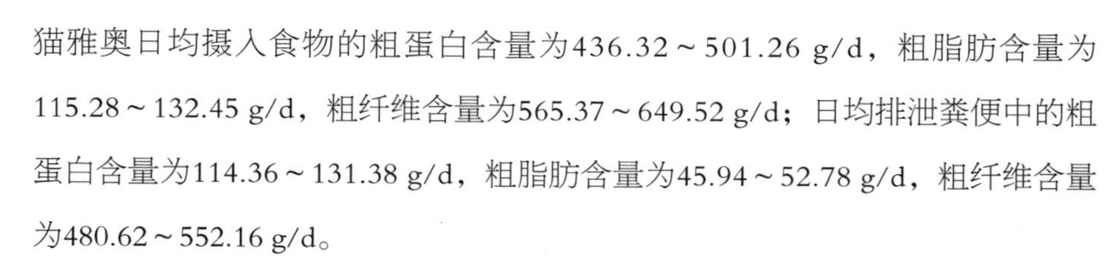

猫雅奥日均摄入食物的粗蛋白含量为436.32～501.26 g/d，粗脂肪含量为115.28～132.45 g/d，粗纤维含量为565.37～649.52 g/d；日均排泄粪便中的粗蛋白含量为114.36～131.38 g/d，粗脂肪含量为45.94～52.78 g/d，粗纤维含量为480.62～552.16 g/d。

大熊猫幼仔月月及半半常规营养成分的日均食物摄入量和粪便排出量在研究期间随体重增加呈稳定增加的趋势。其中，大熊猫月月在4月与5月日均摄入食物的粗蛋白含量分别为190.85～230.74 g/d，粗脂肪含量分别为68.99～83.41 g/d，粗纤维含量分别为439.13～530.89 g/d；日均排泄粪便中的粗蛋白含量分别为86.72～104.85 g/d，粗脂肪含量分别为34.84～42.12 g/d，粗纤维含量分别为364.48～440.64 g/d。大熊猫半半在4月与5月日均摄入食物的粗蛋白含量分别为188.01～236.44 g/d，粗脂肪含量分别为67.96～85.47 g/d，粗纤维含量分别为432.58～544.00 g/d；日均排泄粪便中的粗蛋白含量分别为85.43～107.44 g/d，粗脂肪含量分别为34.32～43.16 g/d，粗纤维含量分别为359.04～451.52 g/d。

表4-8　大熊猫常规营养成分的日均食物摄入量和粪便排出量

呼名	营养成分	摄入量/排出量	1月	2月	3月	4月	5月	月均值
思雪	粗蛋白	食物摄入量	343.23	412.36	358.03	335.83	308.66	350.63
		粪便排出量	89.96	108.08	93.84	88.02	80.90	91.90
	粗脂肪	食物摄入量	90.69	108.96	94.6	88.73	81.56	92.65
		粪便排出量	36.14	43.42	37.7	35.36	32.50	36.92
	粗纤维	食物摄入量	444.75	534.34	463.95	435.15	399.95	454.35
		粪便排出量	378.08	454.24	394.4	369.92	340.00	386.24
雅奥	粗蛋白	食物摄入量	516.06	501.26	470.66	449.9	436.32	491.38
		粪便排出量	135.26	131.38	123.36	117.92	114.36	128.79
	粗脂肪	食物摄入量	136.36	132.45	124.37	118.87	115.28	129.84
		粪便排出量	54.34	52.78	49.56	47.37	45.94	51.74
	粗纤维	食物摄入量	668.72	649.52	609.85	582.97	565.37	636.73
		粪便排出量	568.48	552.16	518.43	495.58	480.62	541.28

续表

呼名	营养成分	摄入量/排出量	1月	2月	3月	4月	5月	月均值
月月	粗蛋白	食物摄入量				190.85	230.74	210.81
		粪便排出量				86.72	104.85	95.79
	粗脂肪	食物摄入量				68.99	83.41	76.20
		粪便排出量				34.84	42.12	38.48
	粗纤维	食物摄入量				439.13	530.89	485.01
		粪便排出量				364.48	440.64	402.56
半半	粗蛋白	食物摄入量				188.01	236.44	212.21
		粪便排出量				85.43	107.44	96.43
	粗脂肪	食物摄入量				67.96	85.47	76.71
		粪便排出量				34.32	43.16	38.74
	粗纤维	食物摄入量				432.58	544.00	488.29
		粪便排出量				359.04	451.52	405.28

4.3 讨论

已有研究报道四川省北部与甘肃省交界的岷山山系位于大熊猫分布区西北部，岷山山脉东南麓的摩天岭山系大熊猫主要以箭竹属的糙花箭竹、缺苞箭竹、青川箭竹、华西箭竹和巴山木竹属的巴山木竹为主食竹；而岷山山系南段的黄龙自然保护区，华西箭是大熊猫采食的主要竹种。在大熊猫分布区西部的邛崃山系，箭竹属的冷箭竹及拐棍竹和刚竹属的白夹竹是大熊猫主食竹。位于大熊猫分布区西南部的大相岭山系，大熊猫主要以寒竹属的八月竹、玉山竹属的短锥玉山竹和冷箭竹为主食。位于小相岭山系冶勒自然保护区的大熊猫则不以该区域分布最广的石棉玉山竹和丰实箭竹为主食，而以同样分布较为广泛的峨热竹为主要食物资源。栖息地最南缘的凉山山系大熊猫以该区域分布最广的玉山竹属短锥玉山竹和斑壳玉山竹为主要采食竹种。秦岭是野生大熊猫分布的独立区域，地理位置上位于大熊猫栖息地东北方向的陕西省境内，纬度与岷山

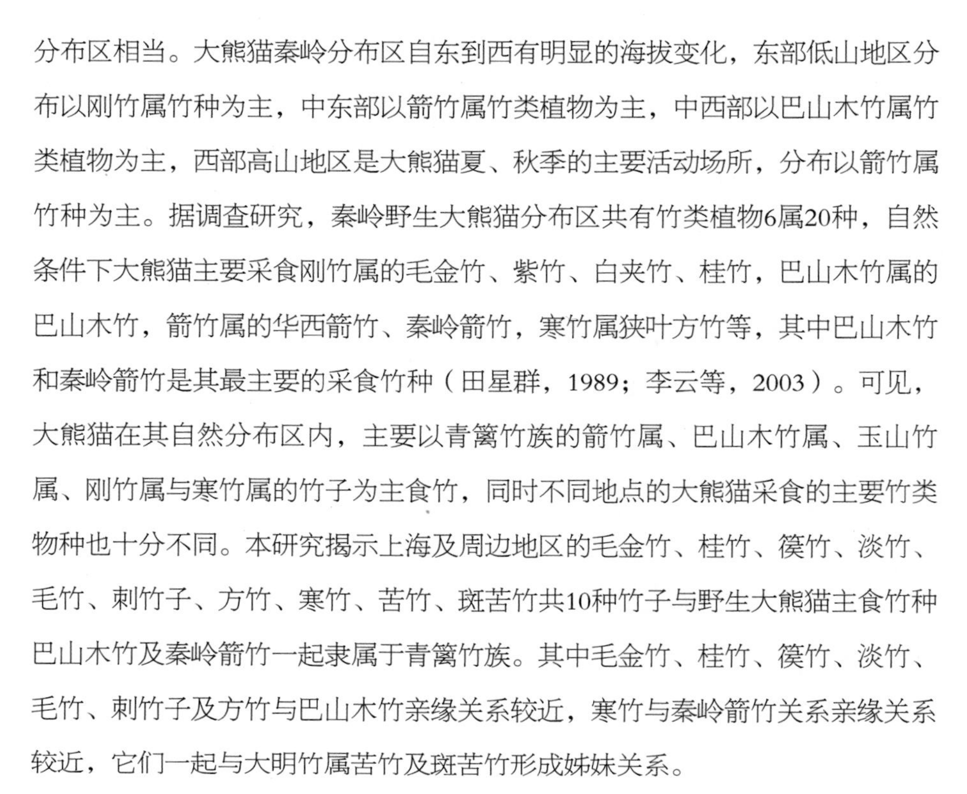

分布区相当。大熊猫秦岭分布区自东到西有明显的海拔变化，东部低山地区分布以刚竹属竹种为主，中东部以箭竹属竹类植物为主，中西部以巴山木竹属竹类植物为主，西部高山地区是大熊猫夏、秋季的主要活动场所，分布以箭竹属竹种为主。据调查研究，秦岭野生大熊猫分布区共有竹类植物6属20种，自然条件下大熊猫主要采食刚竹属的毛金竹、紫竹、白夹竹、桂竹，巴山木竹属的巴山木竹，箭竹属的华西箭竹、秦岭箭竹，寒竹属狭叶方竹等，其中巴山木竹和秦岭箭竹是其最主要的采食竹种（田星群，1989；李云等，2003）。可见，大熊猫在其自然分布区内，主要以青篱竹族的箭竹属、巴山木竹属、玉山竹属、刚竹属与寒竹属的竹子为主食竹，同时不同地点的大熊猫采食的主要竹类物种也十分不同。本研究揭示上海及周边地区的毛金竹、桂竹、篌竹、淡竹、毛竹、刺竹子、方竹、寒竹、苦竹、斑苦竹共10种竹子与野生大熊猫主食竹种巴山木竹及秦岭箭竹一起隶属于青篱竹族。其中毛金竹、桂竹、篌竹、淡竹、毛竹、刺竹子及方竹与巴山木竹亲缘关系较近，寒竹与秦岭箭竹关系亲缘关系较近，它们一起与大明竹属苦竹及斑苦竹形成姊妹关系。

因此，从竹子亲缘关系的角度，上海及周边地区的这10种青篱竹族竹子都是大熊猫较好的可食用竹。

大熊猫保留了其肉食目祖先较短的消化道，因此对竹类植物中蛋白质、脂肪、氨基酸、矿物质等有利于其生长发育的营养物质吸收利用效率低下。相关研究表明，大熊猫喜食蛋白质、脂肪等营养物质含量高、纤维含量低的幼嫩竹类植物部位。竹类植物粗蛋白和粗脂肪的含量越高，营养越好；粗纤维含量越高，竹子营养价值就越低。因此选择基础营养物质和矿物元素含量高的竹类植物能给大熊猫生长提供更好的营养。

本研究中所测定的不同竹类植物春季、秋季竹笋的基础营养物质及矿物质含量比较分析表明，大明竹属竹子的春笋具有较多的蛋白质、氨基酸、粗脂肪及钙Ca、镁Mg、锌Zn、铜Cu、铁Fe等矿物质元素含量，且粗纤维含量较低，适宜作为上海地区圈养大熊猫春季投喂竹笋的主要竹种。寒竹属刺竹子秋笋具有较高的粗脂肪及钾K、钙Ca、镁Mg、锌Zn、铜Cu、铁Fe，粗纤维含量较低，可以作为上海地区圈养大熊猫秋季投喂竹笋的主要竹种。此外，秋季簕竹属竹类植物如青竿竹和小佛肚竹竹笋具有较高的粗蛋白含量，可作为大熊猫喂养过程中蛋白质补充性功能竹种进行投喂。

本研究对各种不同竹类植物的叶片和竹茎的营养成分、矿物质含量比较分析表明：大明竹属竹子的竹叶与竹茎的矿物质含量相对较高，如斑苦竹竹叶中具有含量最高的铁Fe、铜Cu、镁Mg、锌Zn元素，斑苦竹竹茎中的铁Fe、镁Mg、锰Mn和锌Zn元素也在本研究中测定的不同竹类植物中含量最高；苦竹叶片中粗蛋白含量高于其他竹种，竹茎中粗脂肪与钙Ca的含量最高。寒竹属方竹叶片中具有最高含量的钾K元素，竹茎中粗蛋白与锌Zn元素相对较高；寒竹竹茎中的钾K、锌Zn元素相对较高。与西南地区相比，本研究测定的上海及周边地区寒竹属及大明竹属竹子竹叶与竹茎所含粗蛋白、粗脂肪与各种矿物元素含量皆与其相当。因此，大明竹属竹类植物如斑苦竹和苦竹的竹叶及竹茎因含有高含量的矿物质成分及粗蛋白和粗脂肪，适宜作为圈养大熊猫四季投喂食用的竹类植物。寒竹属竹类植物如方竹和寒竹的矿物质含量与粗蛋白也较为丰富，可以作为圈养大熊猫四季投喂食用竹。

本研究表明大熊猫成年个体思雪与雅奥常规营养成分的粪便排出量在研究期间的不同月份间基本稳定；大熊猫幼仔月月及半半粪便中粗蛋白、粗脂肪和粗纤维含量则随着时间推进逐步升高。推测可能成年大熊猫体重和肠道微生物相对稳定，故每日摄食和消化营养物质基本一致；而大熊猫月月及半半在生长过程中，对营养物质的需要逐渐提高，肠道微生物群落构建也在发生变化，故粪便中常规营养成分含量会随生长过程不断提高。

本研究估算的成年大熊猫每日摄入的粗蛋白、粗脂肪与粗纤维含量与前人研究成都大熊猫基地成年雌性大熊猫营养成分摄入量（粗蛋白摄入量为357.90～98.81 g/d，粗纤维摄入量为467.07～1574.86 g/d，粗脂肪摄入量为72.00～196.33 g/d）以及成都大熊猫基地圈养大熊猫亚成年个体营养成分的摄入量（粗蛋白437.18～603.58 g/d，粗纤维715.38～993.64 g/d，粗脂肪91.75～108.27 g/d）相一致。而估算的大熊猫幼仔每日摄入的粗蛋白、粗脂肪

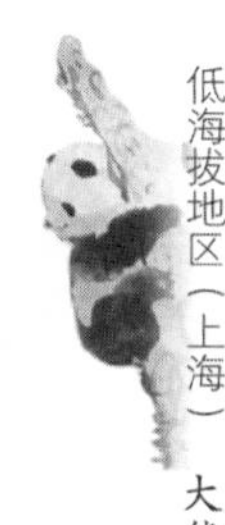

与粗纤维含量均小于前人研究的大熊猫基地成年与亚成年个体，推测可能是由于本研究的大熊猫幼仔体重较小，因而对营养物质的需求相对较小。

4.4 本章小结

上海及周边地区的10种青篱竹族竹子，即毛金竹、桂竹、篌竹、淡竹、毛竹、刺竹子、方竹、寒竹、苦竹与斑苦竹都是大熊猫较好的可食用竹。大明竹属斑苦竹和苦竹竹笋可作为上海地区圈养大熊猫春季投喂竹笋的主要竹种，寒竹属刺竹子竹笋可作为秋季投喂竹笋的主要竹种；大明竹属斑苦竹和苦竹、寒竹属方竹和寒竹的竹叶与竹茎可作为上海地区圈养大熊猫四季投喂的主要竹种。本研究估算的上海野生动物园4只大熊猫常规营养成分的日均食物摄入量和粪便排出量，可作为大熊猫食谱制定中每日需要常规营养成分的参考。

第

5

章

不同发育阶段大熊猫纤维素酶活的差异性及其与肠道微生物的相关性

不同年龄段大熊猫的纤维素酶活性是否存在差异？其对主要营养成分纤维素的消化水平直接关乎大熊猫的生长发育。

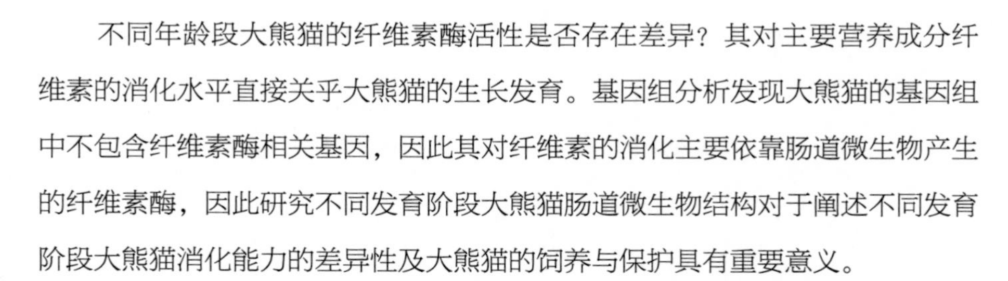

不同年龄段大熊猫的纤维素酶活性是否存在差异？其对主要营养成分纤维素的消化水平直接关乎大熊猫的生长发育。基因组分析发现大熊猫的基因组中不包含纤维素酶相关基因，因此其对纤维素的消化主要依靠肠道微生物产生的纤维素酶，因此研究不同发育阶段大熊猫肠道微生物结构对于阐述不同发育阶段大熊猫消化能力的差异性及大熊猫的饲养与保护具有重要意义。

为了维持生长代谢的正常进行，动物体内的消化酶活性会保持在一个相对稳定的范围，但随着季节及温度变化等因素的变化，酶的活性也会发生波动。大熊猫肠道中的纤维素酶活性若存在明显的季节变化也会影响纤维素的消化能力。大熊猫的肠道纤维素酶来源于大熊猫的肠道菌群，所以其纤维素酶活性的季节变化可能根本来源于肠道微生物结构的改变。

本研究以上海和四川不同年龄段的大熊猫，包括幼仔、亚成体、成体共15只大熊猫为研究对象，按不同季节（8月、11月、2月、5月）采集其粪便，分析纤维素酶活性和肠道微生物群落结构，以期阐明不同发育阶段大熊猫纤维素酶活性的变化规律及其与肠道微生物的相关性，从而为大熊猫的育幼、饲养和保护提供理论指导。

5.1 材料与方法

5.1.1 研究对象与样品采集

5.1.1.1 研究对象

大熊猫个体信息见表5-1。

表5-1 大熊猫个体信息

年龄	呼名	谱系	性别
幼仔	月月	1052	雄
	半半	1053	雌
	杰瑞	1041	雄
	初心	1020	雌
	胖妞	1037	雌
亚成体	星二	900	雄
	雅二	904	雄
	华阳	886	雄
	华虎	865	雄
成体	雅奥	583	雄
	华美	487	雌
	优优	474	雌
	彤彤	586	雄
	晔晔	495	雌
	妃妃	476	雌

5.1.1.2 样品采集

采集工作根据大熊猫的圈养地分别在四川省中国大熊猫保护研究中心和上海野生动物园、上海动物园进行，采样时间为2017年8月至2018年5月，共采集4次，分别在8月、11月、2月、5月。采样期间观察熊猫体况（熊猫体重、健康情况、粪便量等指标）及采食情况（主要食物种类、摄入量等指标），并采集15只圈养大熊猫的新鲜粪便。粪便为隔天早上采集的圈内便，受环境干扰较

小。连续采集5天，每天采集150 g粪便冷藏保存，采集50 g粪便冷冻保存。最后一天采集大熊猫的食物包括竹子（竹叶和竹竿）、竹笋、窝头，带回实验室处理备用。图5-1为采样现场熊猫状况和粪便样品。

四川省中国大熊猫保护研究中心采样点

上海野生动物园/动物园采样点

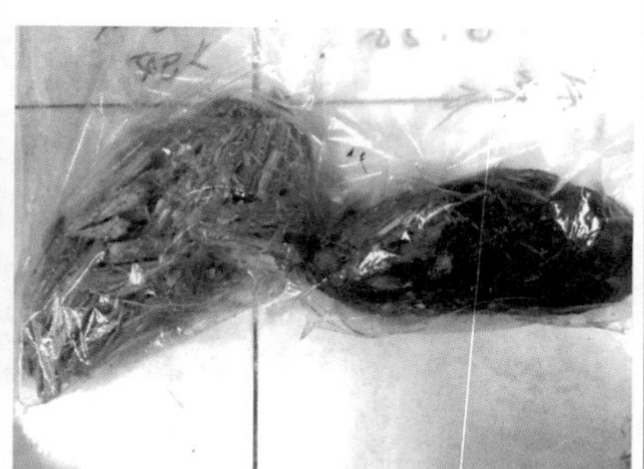

大熊猫粪便样品

图5-1　采样现场与粪便样品

5.1.1.3　不同地区温湿度的季节变化

上海和四川温湿度情况见表5-2。

表5-2　上海和四川温湿度情况

地点	8月		11月		2月		5月	
	温度	湿度	温度	湿度	温度	湿度	温度	湿度
上海	31/25℃	0.47	17/9℃	0.27	10/3℃	0.3	26/18℃	0.4
四川	19/7℃	0.7	7/-10℃	0.1	6/-13℃	0.15	16/3℃	0.6

5.1.2　分析方法

5.1.2.1　大熊猫肠道纤维素酶活性分析

大熊猫粪便样带回实验室取核心无污染部分充分混合预处理，取5天的粪便，每份等量混匀。混合好的样品放置4 ℃保存，用时取出。取5 g大熊猫粪便，加入5 mL 1%羧甲基纤维素溶液和5 mL pH 5.5的醋酸盐缓冲液，滴加甲苯，37 ℃条件下，培养72 h并用DNS法显色测定酶活性，要做无基质对照。1 h水解释放1 μg葡萄糖定义为1个酶活单位U。

5.1.2.2　大熊猫肠道微生物多样性分析

冷冻保存的粪便样品首先从冰箱取出，加冰袋化冻一段时间。粪便样品需将5天的粪便样，用无菌药勺各取核心无污染部分10 g，混匀备用。

处理好的样品用PowerSoil® DNA Isolation Kit（Mo Bio Laboratories Inc., Carlsbad, CA, USA）试剂盒处理，提取并纯化总DNA，并使用NanodropTM 2000 Spectrophotometer（Nanodrop, Wilmington, DE, USA）仪器检测DNA浓度，−20 ℃保存备用。细菌使用338F（5'−ACTCCTACGGGAGGCAGCAG−3'）和806R（5'−GGACTACHVGGGTWTCTAAT−3'）进行扩增，反应体系20 μL：5 × Fastpfu Buffer 4 μL、2.5 mM dNTPs 2 μL、FastPfu Polymerase 0.4 μL、引物各0.8 μL、BSA 0.2 μL、模板10 ng，并用dd H_2O补齐；真菌使用ITS1F（5'−CTTGGTCATTTAGAGGAAGTAA−3'）和ITS2（2043R）（5'−GCTGCGTTCTTCATCGATGC−3'）进行扩增，反应体系：10 × Buffer 2 μL、2.5 mM dNTPs 2 μL、rTaq Polymerase 0.2 μL，引物各0.8 μL、BSA 0.2 μL、模板10 ng，用dd H_2O补齐。反应条件：95 ℃、3 min，95 ℃、30 s，55 ℃、30 s，72 ℃、45 s（细菌27个循环、真菌35个循环），72 ℃、10 min，10 ℃结束反应。扩增产物使用2%琼脂糖凝胶进一步纯化、分离。采用Illumina Miseq测序仪测序。本研究测序和生物信息服务由美吉生物公司完成。

5.1.2.3 数据处理与分析

大熊猫纤维素酶活数据使用Microsoft Excel 2010软件进行处理和分析，所有数据均用平均值和标准误差表示（n=3），显著差异表示为P<0.05，并绘制表格和曲线。通过SPSS 20.0软件对大熊猫纤维素酶活性和肠道微生物性质进行相关性分析。大熊猫粪便中微生物多样性分析数据由美吉生物公司提供，包括大熊猫肠道细菌、真菌多样性，优势微生物的OUT丰度等代表性数据，通过原始reads去重过滤使用QIIME（version 1.17）完成，OTUs分类（相似度≥97%）使用Usearch（vsesion 7.1, http://drive5.com/uparse/）完成，并采用RDP classifier（version 2.2，http://sourceforge.net/projects/rdp-classifier/）对OTU代表序列进行分类学分析，分别在各分类学水平统计菌落组成，利用R语言vegan包绘制OTU群落heatmap图。

5.2 结果与分析

5.2.1 不同年龄段大熊猫肠道纤维素酶活性

分析了不同年龄段大熊猫个体的纤维素酶活性，结果见表5-3和图5-2。在不同发育阶段，大熊猫肠道纤维酶活性差异显著。大熊猫幼仔的纤维素酶活性较高，但其阶段特殊正处于食物转化期，开始添食竹子并逐渐增加竹子的摄入量，然而刚开始接触竹子的大熊猫幼仔表现出较高的纤维素酶活性，具体原因需进一步研究分析。亚成体大熊猫和成体大熊猫的饮食环境相似，结果显示，成体大熊猫的纤维素酶活性高于亚成体大熊猫的纤维素酶活性，可能是由于纤维素酶活性与个体的年龄关系密切，大熊猫的生活环境和饮食环境较稳定的情况下，年龄越高，大熊猫消化纤维素的能力越强。由于大熊猫本身的基因组中不含有纤维素酶基因，因此不同年龄段大熊猫肠道中纤维素酶活性的差异可能和其肠道微生物数量、结构的差异有关。

表5-3　不同年龄段大熊猫肠道纤维素酶活性分析结果

年龄	个体名称	纤维素酶活/（U/g*）	平均酶活/（U/g）
幼仔	月月	14.69	10.02 ± 8.453
	半半	23.88	
	初心	12.02	
	杰瑞	4.95	
	胖妞	2.6	
亚成体	星二	3.43	6.17 ± 4.335
	雅二	1.36	
	华阳	11.02	
	华虎	7.75	
成体	雅奥	12.41	9.82 ± 4.122
	华美	——	
	优优	14.12	
	彤彤	4.84	
	眸眸	9.76	
	妃妃	5.43	

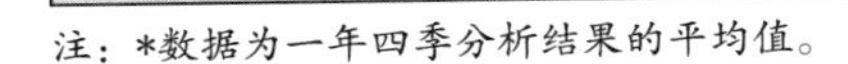
注：*数据为一年四季分析结果的平均值。

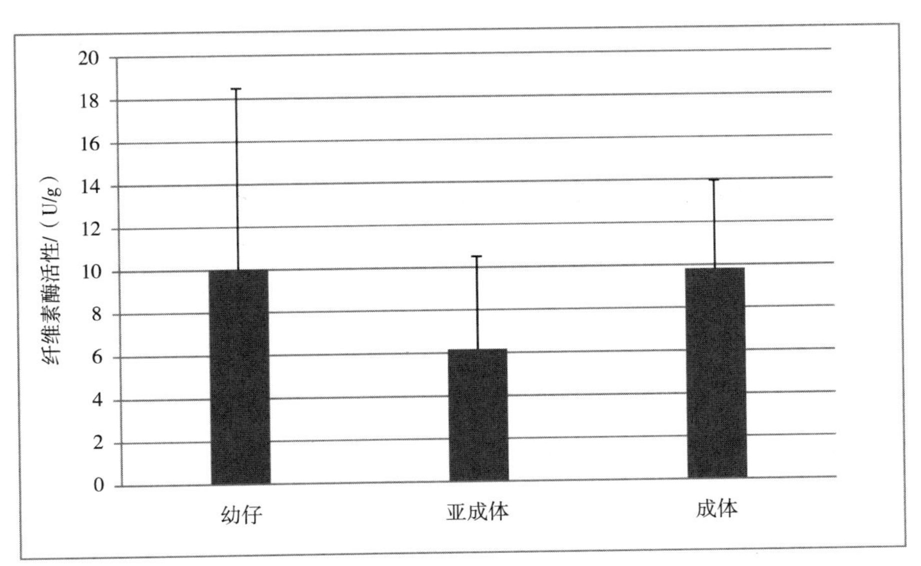

图5-2　不同发育阶段大熊猫肠道纤维素酶活性结果

5.2.2 不同年龄段大熊猫肠道微生物多样性分析

本节研究了不同年龄段大熊猫粪便中细菌、真菌的物种多样性，结果见表5–4。

表5–4　大熊猫肠道细菌和真菌Alpha多样性分析结果

个体发育阶段	细菌				真菌			
	OTU个数	香浓指数	Chao指数	覆盖率	OTU个数	香浓指数	Chao指数	覆盖率
幼仔	162.76	1.91	235.20	0.999	516.36	3.26	625.34	0.998
亚成体	167.63	1.66	267.64	0.999	544.13	3.07	627.47	0.998
成体	187.14	1.63	272.32	0.999	383.24	2.82	467.96	0.998

表54–4显示覆盖率均在99%以上，覆盖度较好，结果可靠。根据香浓指数、Chao指数预测大熊猫肠道微生物OTU水平可知，不同年龄段大熊猫肠道微生物的多样性和微生物数量差异较大，且与大熊猫的年龄存在一定联系。大熊猫肠道细菌的香浓指数随着年龄增加而降低，幼仔肠道中细菌多样性较高；熊猫肠道细菌量随着年龄的增加而增加，成体大熊猫肠道中细菌总数量较高；大熊猫真菌的香浓指数和真菌量与年龄呈负相关关系，即幼仔肠道中真菌的丰富度较高，成体大熊猫肠道中真菌量明显较少。

进一步研究了大熊猫的肠道细菌、真菌的属水平结构。图5–3是大熊猫幼仔的分析结果。大熊猫幼仔的细菌多样性较高，且其优势微生物有*Streptococcus*、*Escherichia-Shigella*、*Clostridium_sensu_stricto_1*、*Lactobacillus*。其中*Lactobacillus*在8月丰度最高，可能是由于大熊猫幼仔在该时间段仍然以奶粉为主要食物；之后乳酸杆菌（*Lactobacillus*）的丰度呈下降趋势，可能与幼仔的食物转化有关。幼仔的真菌丰度不高，但也存在一些优势真菌，如*unclassified_o_Pleosporales*、*unclassified_f_Montagnulaceae*、*unclassified_p_Ascomycota*。

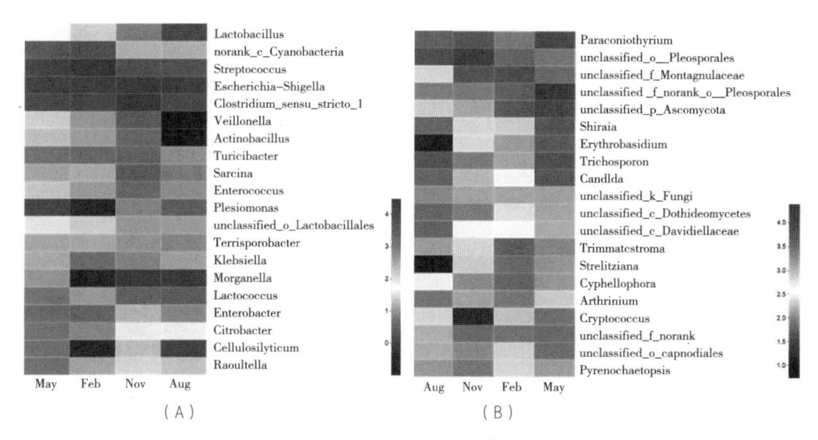

图5-3 大熊猫幼仔属水平的肠道细菌、真菌多样性结果（详见彩色插页图2）

注：（A）为细菌多样性结果，（B）为真菌多样性结果。

亚成体大熊猫属水平的肠道细菌、真菌结构分析结果见图5-4。亚成体大熊猫的细菌总量增加，且其优势微生物在肠道中占比进一步增加，主要是*Streptococcus*占比为36%、*Escherichia-Shigella*占比为27%、*Clostridium_sensu_stricto_1*占比为23%；亚成体的真菌丰富度较幼仔而言也是显著增加，优势真菌丰度最高的仍然为*unclassified_o_Pleosporales*、*unclassified_f_Montagnulaceae*、*unclassified_p_Ascomycota*，且优势真菌的种类有所增加，如*Trimmatostroma*。

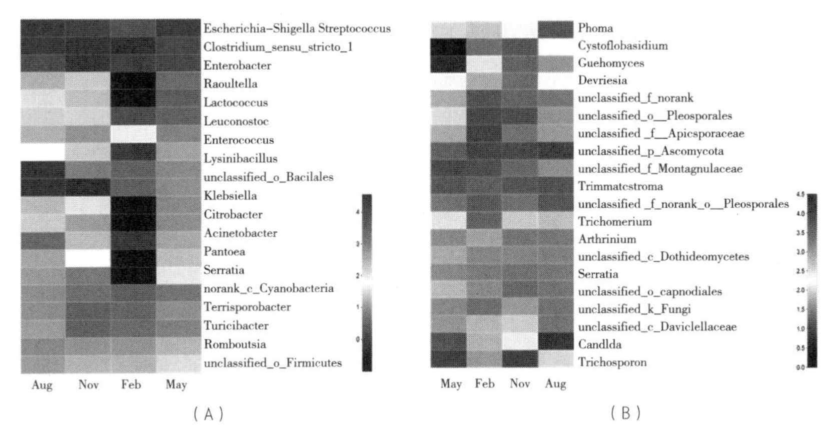

图5-4 亚成体大熊猫属水平的肠道细菌、真菌多样性结果（详见彩色插页图3）

注：（A）为细菌多样性结果，（B）为真菌多样性结果。

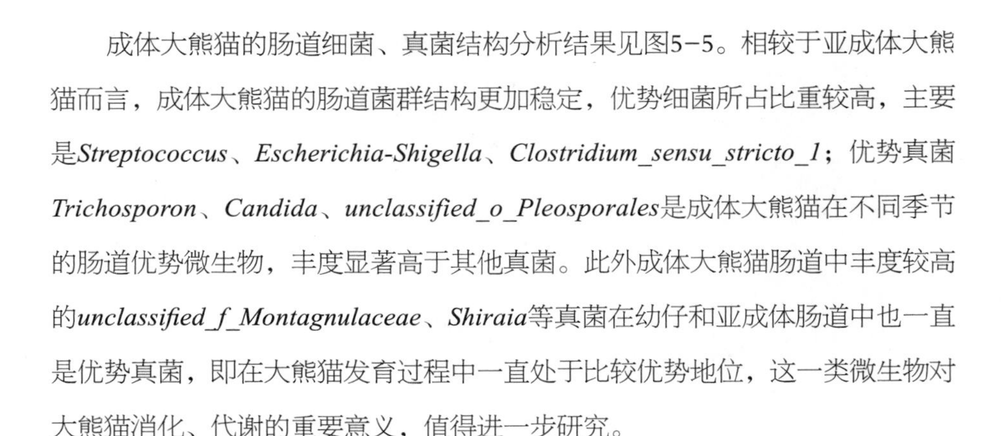

成体大熊猫的肠道细菌、真菌结构分析结果见图5-5。相较于亚成体大熊猫而言，成体大熊猫的肠道菌群结构更加稳定，优势细菌所占比重较高，主要是*Streptococcus*、*Escherichia-Shigella*、*Clostridium_sensu_stricto_1*；优势真菌*Trichosporon*、*Candida*、*unclassified_o_Pleosporales*是成体大熊猫在不同季节的肠道优势微生物，丰度显著高于其他真菌。此外成体大熊猫肠道中丰度较高的*unclassified_f_Montagnulaceae*、*Shiraia*等真菌在幼仔和亚成体肠道中也一直是优势真菌，即在大熊猫发育过程中一直处于比较优势地位，这一类微生物对大熊猫消化、代谢的重要意义，值得进一步研究。

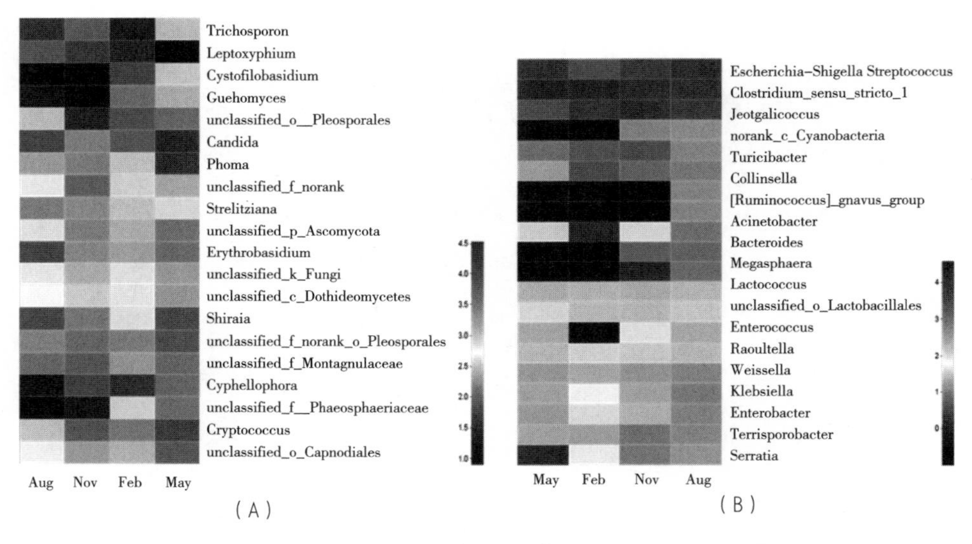

图5-5　成体大熊猫肠道细菌、真菌多样性结果（详见彩色插页图4）

注：（A）为细菌多样性结果，（B）为真菌多样性结果。

5.2.3　大熊猫肠道纤维素酶活性的季节性变化规律

本节共研究了15只大熊猫肠道纤维素酶活性随着季节、温度等的变化情况。为避免年龄因素干扰，我们分别对大熊猫幼仔、亚成体、成体不同阶段的熊猫的肠道纤维素酶活逐一阐述。

幼仔时期，大熊猫个体肠道纤维素酶活性随季节变化的规律性较强，且不同个体所呈现出来的变化趋势具有较大的相似性（见表5-5和图5-6）。其中，2月是大熊猫幼仔肠道纤维素酶活性呈现较高的时期，平均酶活为36.44 U/g，其他季节酶活性波动不大，所以在温度较低的冬季，大熊猫可能为适应自身的生长代谢，其肠道纤维素酶活性明显增强。

表5-5　大熊猫幼仔肠道纤维素酶活性的季节性变化（U/g）

研究对象	8月	11月	2月	5月
月月	12.02 ± 1.518	9.77 ± 1.148	31.43 ± 1.037	5.53 ± 0.111
半半	15.08 ± 0.815		34.67 ± 0.444	21.89 ± 0.889
初心	3.50 ± 0.463	0.76 ± 0.259	43.21 ± 1.259	0.63 ± 0.074
平均	10.20 ± 6.001	6.77 ± 5.201	36.44 ± 6.085	9.35 ± 11.132

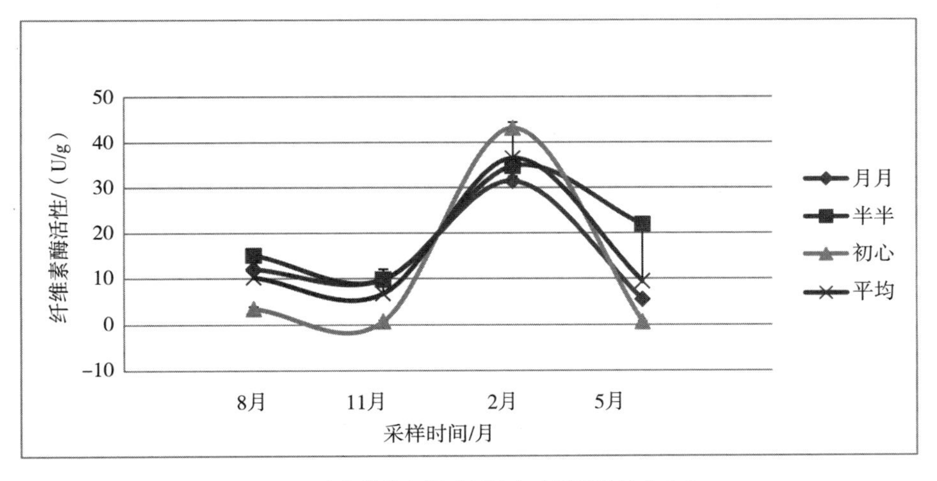

图5-6　大熊猫幼仔肠道纤维素酶活性随季节变化

亚成体大熊猫个体的平均酶活也是在2月最高达13.21 U/g，但其季节性波动与熊猫幼仔相比较为平缓（见表5-6和图5-7），8月至次年2月，亚成体大熊猫的纤维素酶活性呈现增加的趋势；从冬季向夏季的过渡段，个体的纤维素酶活性普遍降低（华阳除外），可能与其肠道优势物菌群的结构变动有关，需进一步进行研究。

表5-6　亚成体大熊猫肠道纤维素酶活性的季节性变化（U/g）

研究对象	8月	11月	2月	5月
星二	2.32 ± 0.130	2.72 ± 0.444	8.07 ± 1.037	0.63 ± 0.074
雅二	0.45 ± 0.037	0.71 ± 0.111	2.72 ± 0.296	1.55 ± 0.629
华阳	3.18 ± 0.093	6.89 ± 0.556	22.99 ± 1.111	29.28 ± 1.259
华虎	2.46 ± 1.259	2.20 ± 0.222	19.07 ± 1.481	7.28 ± 0.222
平均	2.1025	3.13	13.2125	9.685

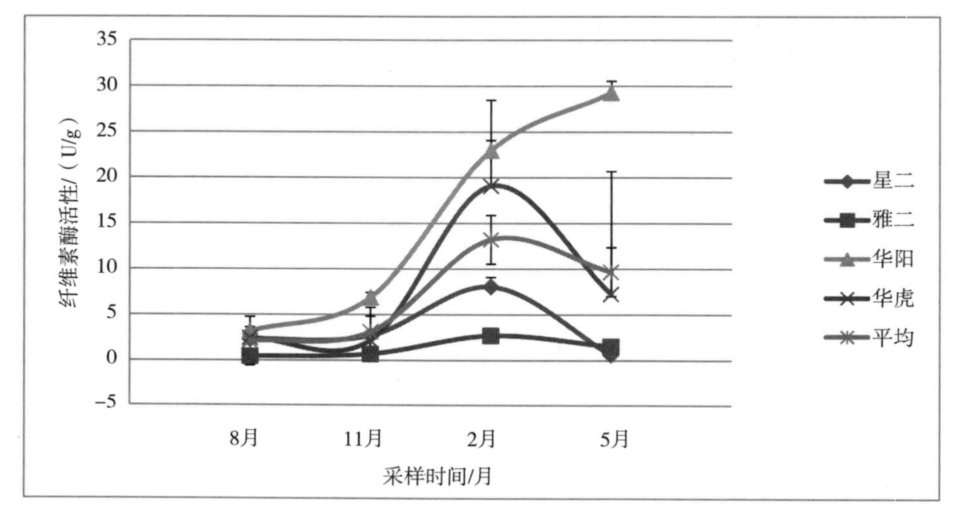

图5-7　亚成体大熊猫肠道纤维素酶活性随季节变化

成体大熊猫个体肠道纤维素酶活力随季节的变化趋势也具有一定的相似性，纤维素酶活性也在2月达到最高值（见表5-7和图5-8），平均酶活为19.57 U/g，11月至5月的半年纤维素酶活性变化显著（雅奥除外）。

表5-7　成体大熊猫肠道纤维素酶活性的季节性变化（U/g）

研究对象	8月	11月	2月	5月
雅奥	2.07 ± 0.667	0.75 ± 0.241	1.96 ± 0.518	1.62 ± 0.185
彤彤	6.44 ± 0.259	0.63 ± 0.037	2.57 ± 0.074	6.23 ± 0.370
晔晔	14.98 ± 1.037	17.97 ± 0.519	32.89 ± 1.778	10.84 ± 0.074
妃妃	26.14 ± 1.037	—	1.62 ± 0.518	3.04 ± 0.148
平均	1.88 ± 0.533	5.08 ± 2.516	19.57 ± 8.318	10.27 ± 11.239

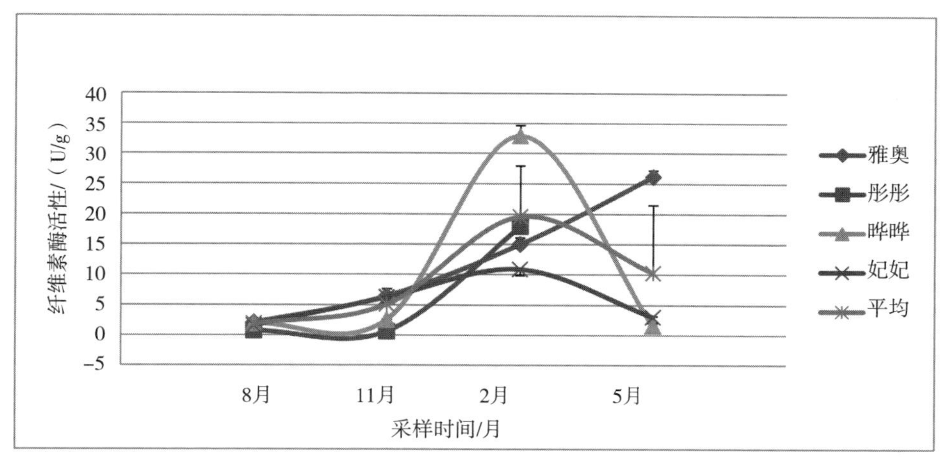

图5-8　成体大熊猫肠道纤维素酶活性随季节变化

总体来看，不同年龄段大熊猫的肠道纤维素酶活性皆表现出冬季较高，夏季较低的特征。大熊猫本身具备"怕热不怕冷"的特点，大熊猫可能更适宜冬季干燥低温的生存。纤维素酶活性的季节性变化规律可以从大熊猫消化、吸收能力的角度对大熊猫在冬季表现出较强的生长发育水平做一定的解释。

5.2.4　大熊猫肠道微生物结构的季节性变化情况

根据大熊猫幼仔、亚成体、成体肠道微生物结构的差异，选取大熊猫各阶段的肠道优势细菌、真菌为研究对象，观察其季节性变化情况。

大熊猫幼仔的肠道优势细菌受季节影响波动较大（图5−9）。其中*Streptococcus*和*unclassified_f_Montagnulacea*与幼仔肠道纤维素酶活性的季节性变化趋势相似，而Escherichia−*Shigella*、*Clostridium_sensu_stricto_1*及*unclassified_o_Pleosporales*等与酶活变化曲线相反，由此推测大熊猫肠道细菌结构对酶活性的影响较复杂，在促进和抑制的双重作用下，形成了大熊猫随季节波动性变化的肠道纤维素酶活曲线。其中*Lactobacillus*一直呈现降低趋势，与幼仔的食物转化有关，11月后幼仔开始增加竹子的食用量，粪便中的竹叶便增加。

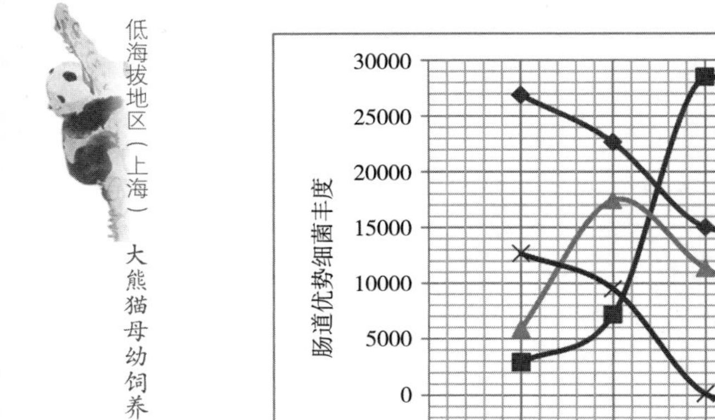

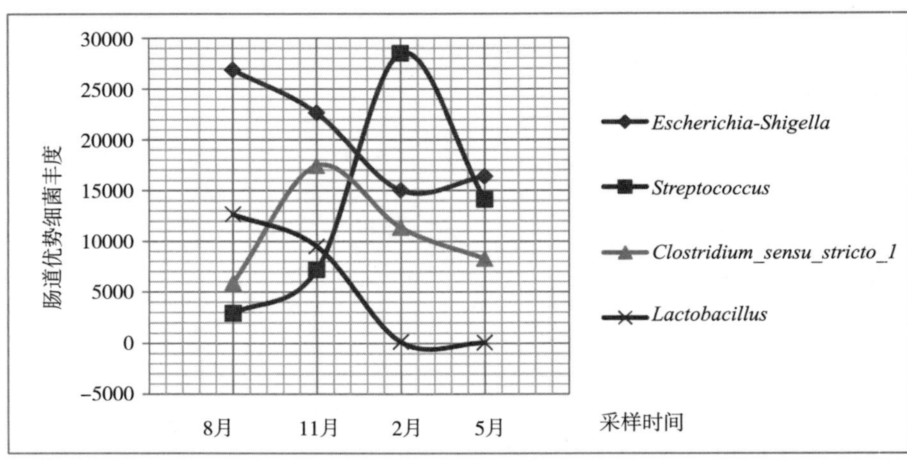

图5-9　大熊猫幼仔肠道优势细菌季节性的丰度变化情况

大熊猫幼仔优势真菌随季节的变化和纤维素酶活性的变化缺乏一定的规律，个体的差异较大（图5-10）。其中Shiraia在温暖潮湿的5月含量最高。

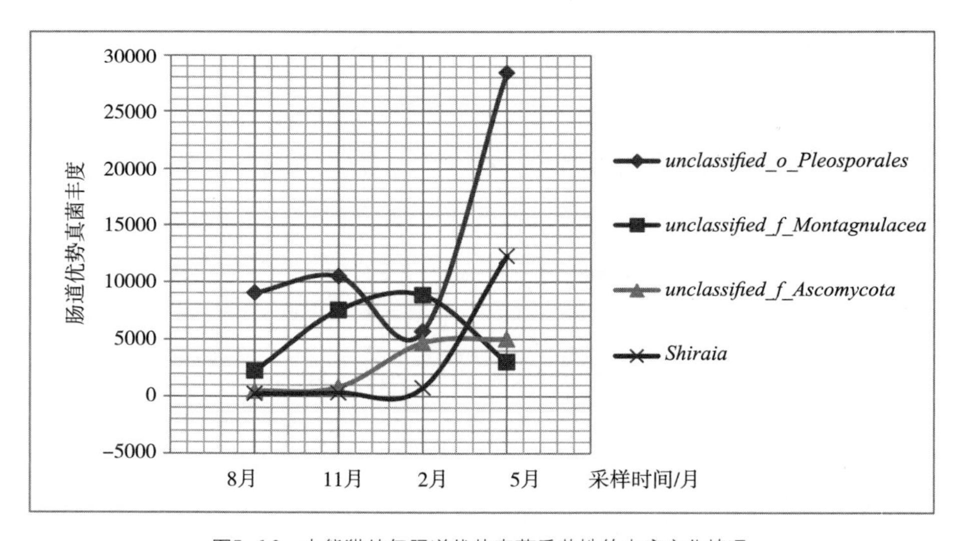

图5-10　大熊猫幼仔肠道优势真菌季节性的丰度变化情况

亚成体大熊猫肠道优势细菌的丰度较幼仔明显增加，且优势细菌菌属以*Escherichia-Shigella*、*Streptococcus*、*Clostridium_sensu_stricto_1*为主（图5-11）。这三类肠道优势细菌随季节的变化趋势与幼仔相似。由此可见，这三类细菌菌属是长期稳定存在于大熊猫肠道中的优势菌属，并且其丰度的季节性变化随着大熊猫的生长发育进化出一妃妃 它的规律。其中，*Streptococcus*始终与纤维素酶活性的变化趋势相似，可能*Streptococcus*中存在能够降解纤维素的功能性菌群；此外，其他优势细菌属中则有表现出与纤维素酶活性变化趋势相反的现象，这可能会对大熊猫消化纤维素的能力起到一定的抑制作用，于是在多重作用下表现出大熊猫消化纤维素的能力并不如其他食草动物那么强，一方面由于其本身不具备降解纤维素的能力，另一方面可能是由于其肠道菌群结构的特殊性，肠道中能够降解纤维素的优势菌群较少。

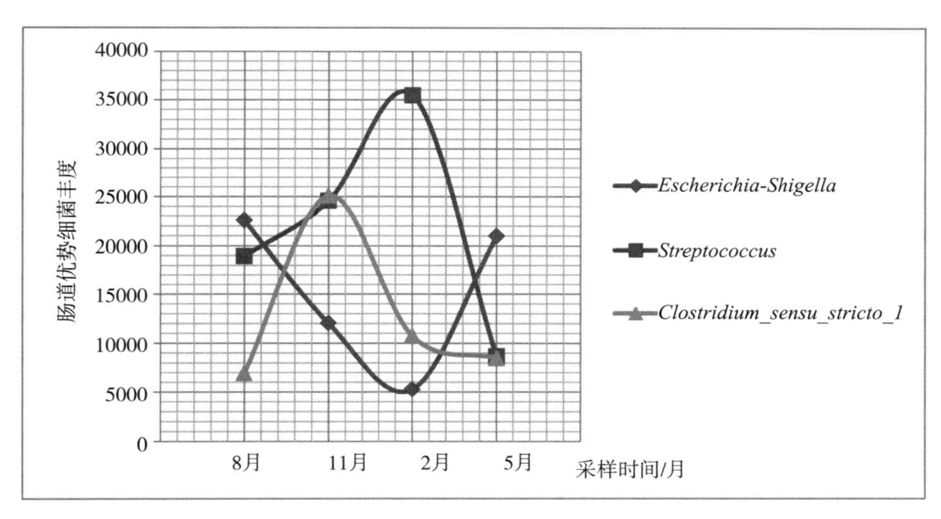

图5-11　亚成体大熊猫肠道优势细菌季节性的丰度变化情况

亚成体大熊猫的肠道优势真菌较幼仔种类有所增加，而且亚成体大熊猫肠道优势真菌群随着季节变化的情况复杂，丰度的季节性变化曲线各不相同，从图5-12中可以看到除了*Shiraia*外，其主要的4个优势真菌属*unclassified_o_Pleosporales*、*unclassified_f_Montagnulacea*、*unclassified p_Ascomycota*、*Trimmatostroma*与纤维素酶活变化趋势的相关性并不明显。*Shiraia*是生长在竹子中的真菌，由此可能主要通过饮食进入大熊猫肠道。现有文献中鲜见*Shiraia*与纤维素降解能力的相关研究，其是否与大熊猫纤维素酶的

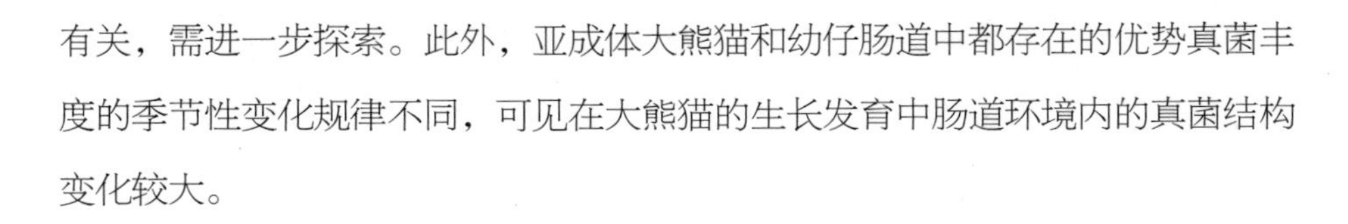
有关，需进一步探索。此外，亚成体大熊猫和幼仔肠道中都存在的优势真菌丰度的季节性变化规律不同，可见在大熊猫的生长发育中肠道环境内的真菌结构变化较大。

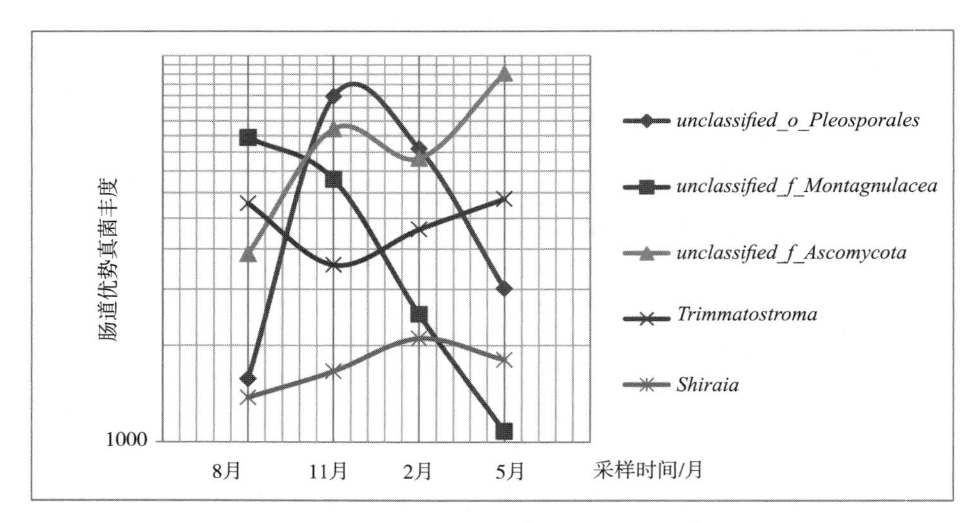

图5-12　亚成体大熊猫肠道优势真菌季节性的丰度变化情况

成体大熊猫肠道中优势细菌的占比更高，主要的三个优势菌属为*Escherichia-Shigella*、*Streptococcus*、*Clostridium_sensu_stricto_1*（见图5-13）。与幼仔、亚成体阶段比较分析后发现，成体大熊猫肠道优势细菌随季节的变化趋势类似于其他年龄阶段。此外，*Streptococcus*属的丰度增加且其变化趋势与成体大熊猫肠道纤维素酶活性的变化也是一致的。可见，*Streptococcus*可能与大熊猫纤维素的消化关系密切。

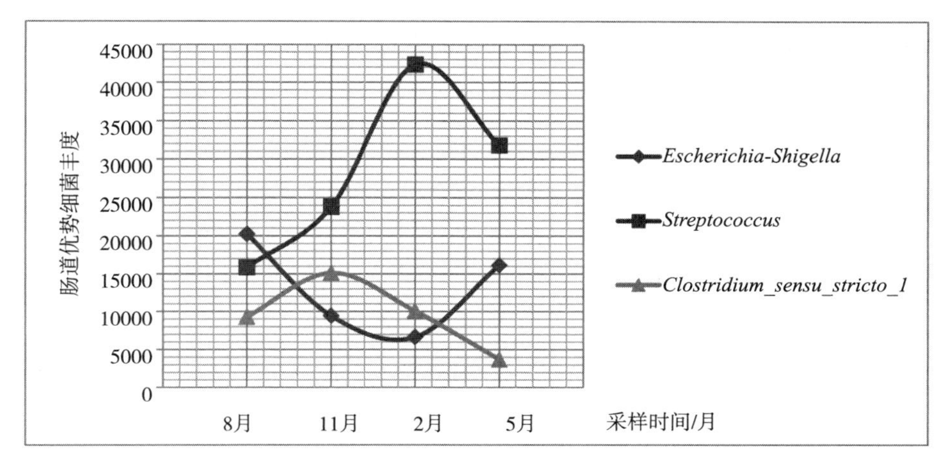

图5-13　成体大熊猫肠道优势细菌季节性的丰度变化情况

成体大熊猫肠道优势真菌的季节性变化规律如图5-14所示，将其与大熊猫肠道纤维素酶活性的变化曲线相比较后，没有发现可能参与纤维素降解的真菌，特别地如*unclassified_o_Pleosporales*丰度较高，却与纤维素酶活季节性变化趋势相反，由此推测成体大熊猫的主要肠道真菌可能不是成体大熊猫消化纤维素的主要作用者。具体地，肠道微生物结构与大熊猫纤维素消化酶活性的相关性需要进一步研究。

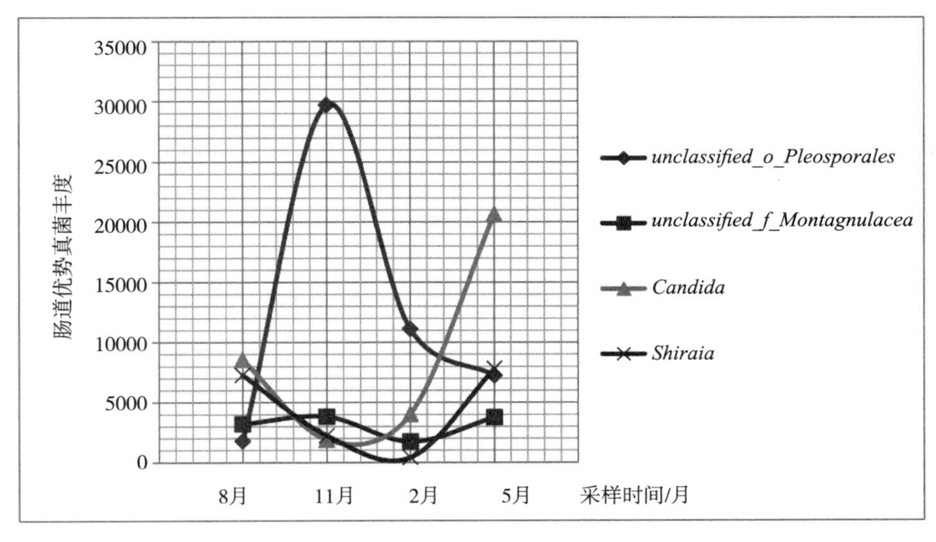

图5-14　成体大熊猫肠道优势真菌季节性的丰度变化情况

5.2.5 大熊猫肠道微生物结构与肠道纤维素酶活性变化的相关性分析

综合幼仔、亚成体、成体多个发育阶段大熊猫肠道纤维素酶活性变化情况及其肠道优势细菌、真菌的变化趋势和一些环境条件进行相关性分析，结果见表5-8。首先，大熊猫肠道纤维素酶活性确实受季节影响较大，其与温度的相关性系数为-0.543，并且与5.2.3节中得到的肠道纤维素酶活的季节性变化规律具有一致性，在夏半年大熊猫肠道纤维素酶活性较低，而在冬半年特别是2月大熊猫肠道纤维素酶活性普遍较高。

大熊猫肠道中的优势细菌*Streptococcus*与纤维素酶活性的相关性较高，其相关性系数为0.671，这也与5.2.4节分析的结果具有一致性，*Streptococcus*无论是在大熊猫幼仔、亚成体或是成体发育阶段都与纤维素酶活的季节性变化曲线保持相似的变化趋势。这表明*Streptococcus*可能是为大熊猫提供纤维素酶的一类重要肠道菌属。

大熊猫肠道中的优势真菌丰度与纤维素酶活的相关性系数较低，表明真菌可能不利于大熊猫对肠道纤维素的消化与吸收。大熊猫主要依靠复杂的肠道细菌结构及占优势的肠道细菌实现纤维素的降解与利用。

此外，在肠道微生物结构随季节性变化过程与纤维素酶活的相关性分析研究中，还发现肠道微生物之间存在着较强的相互作用，如*Escherichia-Shigella*和*Streptococcus*间的相关性系数为-0.875，即明显的负相关关系；亚成体大熊猫肠道的*Streptococcus*与真菌*Shiraia*具有一定的协同关系，其相关性系数为0.484，而这种微生物之间的相互作用可能对纤维素酶活性产生一定影响。亚成体大熊猫的*Shiraia*与其纤维素酶活季节性变化中的相关性系数高达0.936，表明*Shiraia*可能参与亚成体大熊猫肠道纤维的消化过程，并且*Shiraia*的存在可能是有利于大熊猫对纤维素的降解的。然而，这种相关性没有在其他年龄段的熊猫中发现，由此推测不同发育阶段的大熊猫肠道中纤维素消化的贡献菌群也是存在差异的。

表5-8　肠道纤维素酶活性与肠道优势细菌、真菌季节性变化规律的相关性分析

控制变量			温度	酶活	Escherichia	Streptococcus	Clostridium	Pleosporales	Montagnulaceae	Asconycota	Shiraia
年龄	温度	相关性	1.000	-0.543	0.795	-0.742	-0.617	0.015	-0.281	-0.193	207
		显著性（双侧）		0.208	0.033	0.056	0.140	0.974	0.542	0.678	657
		df	0	5	5	5	5	5	5	5	5
	酶活	相关性	-0.543	1.000	-0.484	0.671	-0.110	-0.399	0.153	0.387	-0.232
		显著性（双侧）	0.208		0.272	0.099	0.814	0.375	0.743	0.390	0.617
		df	5	0	5	5	5	5	5	5	5
	Escherichia	相关性	0.795	-0.484	1.000	-0.875	-0.338	-0.435	0.007	-0.245	-0.312
		显著性（双侧）	0.033	0.272		0.010	0.458	0.330	0.989	0.596	0.495
		df	5	5	0	5	5	5	5	5	5
	Streptococcus	相关性	-0.742	0.671	-0.875	1.000	0.208	0.105	0.350	-0.009	0.085
		显著性（双侧）	0.056	0.099	0.010		0.655	0.822	0.441	0.985	0.857
		df	5	5	5	0	5	5	5	5	5
	Clostridium	相关性	-0.617	-0.110	-0.338	0.208	1.000	0.205	0.398	0.072	-0.166
		显著性（双侧）	0.140	0.814	0.458	0.655		0.660	0.377	0.879	0.723
		df	5	5	5	5	0	5	5	5	5
	Pleosporales	相关性	0.015	-0.399	-0.435	0.105	0.205	1.000	-0.337	0.255	0.889
		显著性（双侧）	0.974	0.375	0.330	0.822	0.660		0.460	0.581	0.007
		df	5	5	5	5	5	0	5	5	5
	Montagnulaceae	相关性	-0.281	0.153	0.007	0.350	0.398	-0.337	1.000	-0.442	-0.337
		显著性（双侧）	0.542	0.743	0.989	0.441	0.377	0.460		0.321	0.460
		df	5	5	5	5	5	5	0	5	5
	Asconycota	相关性	-0.193	0.387	-0.245	-0.009	0.072	0.255	-0.442	1.000	0.344
		显著性（双侧）	0.678	0.390	0.596	0.985	0.879	0.581	0.321		0.450
		df	5	5	5	5	5	5	5	0	5
	Shiraia	相关性	0.207	-0.232	-0.312	0.085	-0.166	0.889	-0.337	0.344	1.000
		显著性（双侧）	0.657	0.617	0.495	0.857	0.723	0.007	0.460	0.450	
		df	5	5	5	5	5	5	5	5	0

5.3 讨论

不同发育阶段大熊猫肠道纤维酶活性差异显著。大熊猫幼仔的纤维素酶活性较高，可能因其处于特殊的食物转化阶段，刚接触竹子并且摄入量增加，体内纤维素降解菌的数量较高。亚成体大熊猫和成体大熊猫的饮食环境相似，结果显示处于不同发育阶段，成体大熊猫的纤维素酶活性高于亚成体大熊猫的纤维素酶活性，可能是大熊猫的生活环境和饮食环境较稳定的情况下，年龄越高，大熊猫消化纤维素的能力越强。

不同年龄段大熊猫的肠道纤维素酶活性皆表现出冬季较高、夏季较低的特征。大熊猫本身具备“怕热不怕冷”的特点，大熊猫可能更适宜冬季干燥低温的生存。肠道微生物结构与大熊猫纤维素酶活性关系密切，肠道优势细菌在大熊猫不同年龄段之间具有明显的进化关系，优势细菌*Streptococcus*在大熊猫幼仔、亚成体或是成体发育阶段都与纤维素酶活的季节性变化曲线保持相似的变化趋势，且熊猫肠道中的优势细菌数量随着年龄的增长逐渐增加，可能与熊猫的食物结构更加复杂，食物营养成分更加复杂密切相关。

5.4 本章小结

不同发育阶段的大熊猫肠道纤维素酶活性存在差异，且纤维素酶活的季节性变化不同。熊猫幼仔的纤维素酶活性在2017年11月份前后变化较大，可能与其处于食物转化阶段有关，11月后竹叶便增加，开始增食竹子，其肠道纤维素酶活性也明显增加。肠道微生物结构与大熊猫纤维素酶活性关系密切，肠道优势细菌在大熊猫不同年龄段之间具有明显的进化关系，而真菌没有，但也有个别真菌如*Shiraia*随着大熊猫的生长发育而富集在大熊猫肠道，特别是在亚成体阶段对大熊猫降解纤维素具有一定促进作用。

2月份各个发育阶段的大熊猫纤维素酶活性皆明显高于其他时间，幼仔时期，大熊猫个体肠道纤维素酶活性随季节变化的规律性较强，且不同个体所呈现出来的变化趋势具有较大的相似性，幼仔的平均酶活为36.44 U/g。亚成体、成体大熊猫肠道纤维素酶活性的季节性变化趋势具有相似性，但波动较为平缓。

总体来看，不同年龄段大熊猫的肠道纤维素酶活性皆表现出冬季较高、夏季较低的特征。大熊猫本身具备“怕热不怕冷”的特点，大熊猫可能更适宜冬季干燥低温的生存环境，纤维素酶活性的季节性变化规律从大熊猫消化、吸收能力的角度解释了大熊猫在冬季表现出较强的生长发育水平的原因。

大熊猫肠道细菌随季节的变化规律较明显，优势细菌*Streptococcus*在大熊猫幼仔、亚成体或是成体发育阶段都与纤维素酶活的季节性变化曲线保持相似的变化趋势，*Streptococcus*与纤维素酶活性的相关性系数为0.603，与变化趋势反映的结果具有一致性。此外，在研究肠道微生物结构随季节性变化过程中与纤维素酶活的相关性分析中，还发现肠道微生物之间的相互作用与大熊猫的纤维素消化酶产生季节性变化规律密切相关，而真菌的规律性不明显。

第 6 章

地区（海拔）差异对肠道纤维素酶活性的影响及其与肠道微生物结构的相关性

大熊猫的肠道微生物对其消化纤维素具有重要意义。除了季节、温度等环境因素外，我们熟知大熊猫最适宜栖居在四川等地，相较于上海，两地的海拔以及其他环境条件差异显著。

大熊猫的肠道微生物对其消化纤维素具有重要意义。除了季节、温度等环境因素外，我们熟知大熊猫最适宜栖居在四川等地，相较于上海，两地的海拔以及其他环境条件差异显著。现今鲜见上海和四川两地大熊猫的肠道微生物结构的差异性的研究，也鲜见对两地大熊猫消化竹子能力的比较研究。然而，大熊猫是我国的珍稀濒危动物，具有脆弱性，主要表现在繁育能力和消化能力方面。大熊猫是典型的肉食动物，为适应生活环境而以竹子为主要食物，但其对竹子中主要营养成分纤维素的消化能力却非常低。相较于其他地区，大熊猫的故乡四川、陕西等地较适合其生长、繁殖。因此研究四川和上海两地大熊猫消化纤维素能力的差异性，并阐释两地肠道微生物结构的差异对其纤维素降解能力的影响，对于我国国宝大熊猫的保护和饲养具有重要价值。

6.1 材料与方法

6.1.1 圈养地概况

四川省中国大熊猫保护研究中心卧龙基地，地理位置102°52′~103°25′E，30°45′~31°25′N，海拔1800~2000 m，该区域冬半年（11月至4月）晴朗干燥，夏半年温暖湿润，年均温8.5 ℃，年降雨量890 mm，降雨主要发生在夏半年。竹子主要为剑竹和苦竹为主。

上海动物园/上海野生动物园的所在该区域属于亚热带季风气候，四季分明，日照充分，雨量充沛，年降雨量1173.4 mm，降雨集中在5月至9月。年均温17.6 ℃。熊猫食用竹子主要为毛竹和慈孝竹。

6.1.2 研究对象与样品采集

6.1.2.1 研究对象

以上海和四川年龄、性别相符合的14头熊猫为采样对象，具体情况见表6-1。

表6-1 两地大熊猫个体基本信息

地区	呼名	谱系	性别	年龄
上海	月月	1052	雄	幼仔
	半半	1053	雌	幼仔
	星二	900	雄	亚成体
	雅二	904	雄	亚成体
	雅奥	583	雄	成体
	华美	487	雌	成体
	优优	474	雌	成体

续表

地区	呼名	谱系	性别	年龄
四川	杰瑞	1041	雄	幼仔
	初心	1020	雌	幼仔
	胖妞（替补）	1037	雌	幼仔
	华阳	886	雄	亚成体
	华虎	865	雄	亚成体
	彤彤	586	雄	成体
	晔晔	495	雌	成体
	妃妃	476	雌	成体

注：华美8月返回四川，优优11月返回四川。

6.1.2.2 样品采集

样品采集见5.1.2节相关部分。

6.1.3 样品分析

6.1.3.1 大熊猫肠道纤维素酶活性分析

详细研究方法见5.1.2节相关部分。

6.1.3.2 大熊猫肠道微生物多样性分析

详细研究方法见5.1.2节相关部分。

6.1.3.3 食物成分分析

1. 元素分析仪测定总C和总N含量

采集到的竹子用蒸馏水冲洗后，烘干，将干竹叶和干竹竿按照质量1：1的比例加入干净的搅碎机中磨碎；将采集到的窝头烘干后磨碎。磨好的样品过100目筛，采用元素分析仪（Vario EL Ⅲ）测定总碳、总氮含量。

2. 纤维素含量测定

竹子（叶：竿=1：1）样品过60目筛后称取0.2 g，加入60%硫酸溶液冷水浴中消化30 min后，用60%硫酸溶液定容到100 mL并过滤，将滤液再用蒸馏水稀释20倍后取出2 mL于比色管中，通过蒽酮比色法，加入0.5 mL 2%蒽酮，再缓慢加入5 mL浓硫酸，摇匀后在620 nm处比色测定纤维素含量。

3. 木质素含量测定

竹子样品（叶:竿=1:1）过60目筛，采用氧化还原滴定法测定木质素含量。

6.1.3.4 数据分析

详细分析方法见5.1.2节中相关部分。

6.2 结果与分析

6.2.1 上海和四川两地大熊猫肠道纤维素酶活差异性分析

分析了两地大熊猫幼仔、亚成体、成体个体大熊猫肠道纤维素酶活性，结果见表6-2和图6-1。

表6-2 两地不同发育阶段肠道纤维素酶活性结果（U/g）

发育阶段	个体名称	年平均酶活	总平均酶活	个体名称	年平均酶活	总平均酶活
幼仔	半半	23.88 ± 9.944	19.29 ± 6.504	杰瑞	4.95 ± 5.155	6.52 ± 4.905
	月月	14.69 ± 11.480		初心	12.02 ± 20.833	
				胖妞	2.60 ± 2.707	
亚成体	星二	3.43 ± 3.219	2.40 ± 1.469	华阳	15.59 ± 12.541	11.67 ± 2.312
	雅二	1.36 ± 1.026		华虎	7.75 ± 7.796	
成体	雅奥	12.41 ± 10.607	12.93 ± 1.029	彤彤	4.84 ± 8.759	6.68 ± 2.688
	华美	12.27 ± 12.588		晔晔	9.76 ± 15.425	
	优优	14.12 ± 10.232		妃妃	5.43 ± 4.088	

上海和四川不同年龄段大熊猫个体的肠道纤维素酶活性差异显著，这表明地区环境差异（含海拔差异）可能对两地大熊猫的纤维素消化能力产生了较大影响。上海大熊猫幼仔的纤维素酶活性是四川的3倍；亚成体阶段，四川个

体的纤维素酶活性高于上海，约是上海亚成体熊猫的4倍；上海成体大熊猫的纤维素酶活力是四川的2倍。不同年龄段两地大熊猫的纤维素酶活性差异性不同，可能与两地大熊猫幼仔、亚成体、成体的肠道微生物结构差异性相关，具体关系仍需进一步研究。

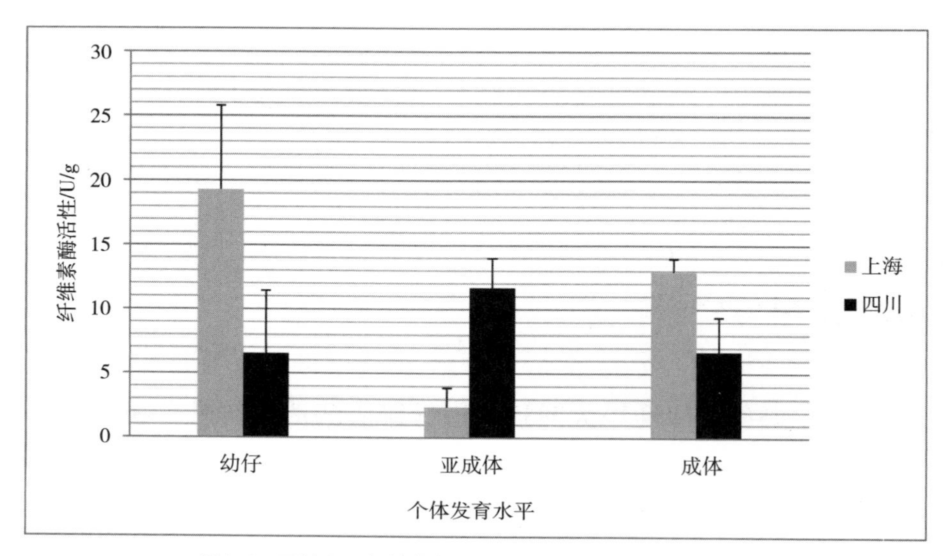

图6-1　两地不同年龄段大熊猫个体肠道纤维素酶活性

6.2.2　两地大熊猫肠道微生物结构的差异性分析

研究了两地不同年龄段大熊猫粪便中细菌、真菌的物种多样性，结果见表6-3。

表6-3　大熊猫肠道细菌和真菌Alpha多样性分析结果

地区	个体发育阶段	细菌				真菌			
		OTU个数	香浓指数	Chao指数	覆盖率	OTU个数	香浓指数	Chao指数	覆盖率
上海	幼仔	169.72	2.09	230.804	99.90%	292.36	3.14	343.49	99.90%
	亚成体	120.38	1.73	184.8927	99.90%	544.13	3.07	627.47	99.80%
	成体	217.14	1.81	305.6875	99.90%	366.43	3.16	413.62	99.90%
四川	幼仔	157.29	1.77	238.66	99.90%	692.36	3.35	846.8	99.80%
	亚成体	214.88	1.59	350.39	99.90%	658.63	2.87	784.27	99.80%
	成体	172.14	1.53	255.64	99.90%	391.64	2.66	495.13	99.90%

表6-3显示覆盖率均在99%，覆盖度较好，结果可靠。根据香浓指数、Chao指数预测大熊猫肠道微生物OTU水平可知，两地不同年龄段大熊猫肠道微生物的多样性和微生物数量差异较大。上海大熊猫肠道细菌的香浓指数明显高于四川，特别是幼仔肠道中细菌多样性较高。上海成体大熊猫肠道细菌量较高，OTU数量明显高于四川；四川亚成体熊猫肠道细菌量较高，约为上海个体的2倍。

上海大熊猫肠道真菌多样性也较高于四川，但肠道真菌总量普遍低于四川，尤其是在幼仔时期。比较分析两地大熊猫肠道纤维素酶活性差异性及肠道微生物多样性指数差异发现，两地大熊猫肠道细菌、真菌结构的复杂程度及微生物量与两地大熊猫纤维素酶活差异关系密切，尤其是细菌的多样性和丰富度。

将不同年龄段两地大熊猫个体的肠道优势细菌、真菌的多样性和丰度进行比较分析，结果如图6-2所示，两地大熊猫幼仔、亚成体、成体个体之间的肠道优势菌群结构存在显著差异，特别地两地大熊猫的肠道真菌差异显著。*Escherichia-Shigella*、*Streptococcus*、*Clostridium_sensu_stricto_1*一直是大熊猫生长发育过程中的3个优势细菌菌属，然而不同的发育阶段的大熊猫肠道优势细菌的差异性不同。

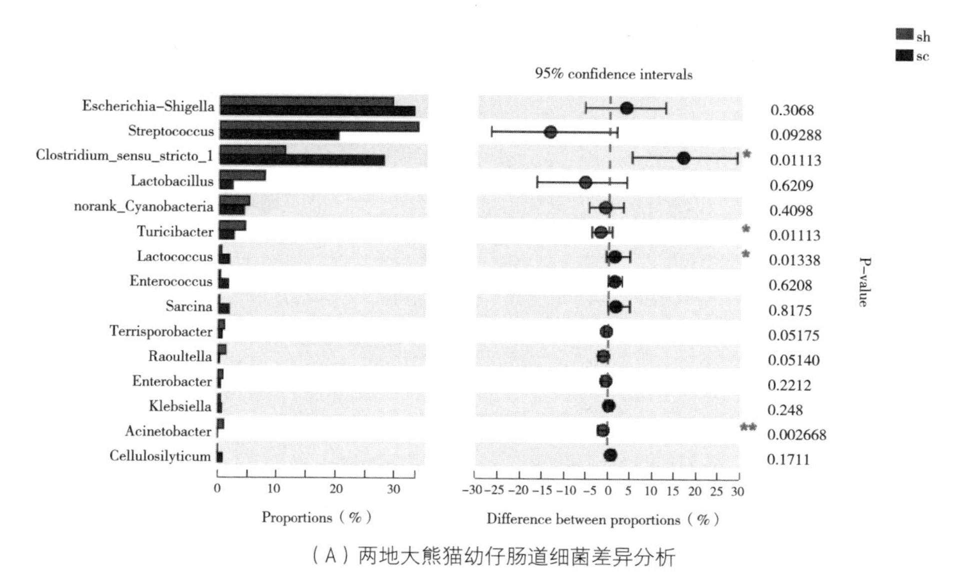

（A）两地大熊猫幼仔肠道细菌差异分析

注：（A）■上海幼仔大熊猫个体肠道优势细菌年平均丰度，■四川幼仔大熊猫个体肠道优势细菌年平均丰度

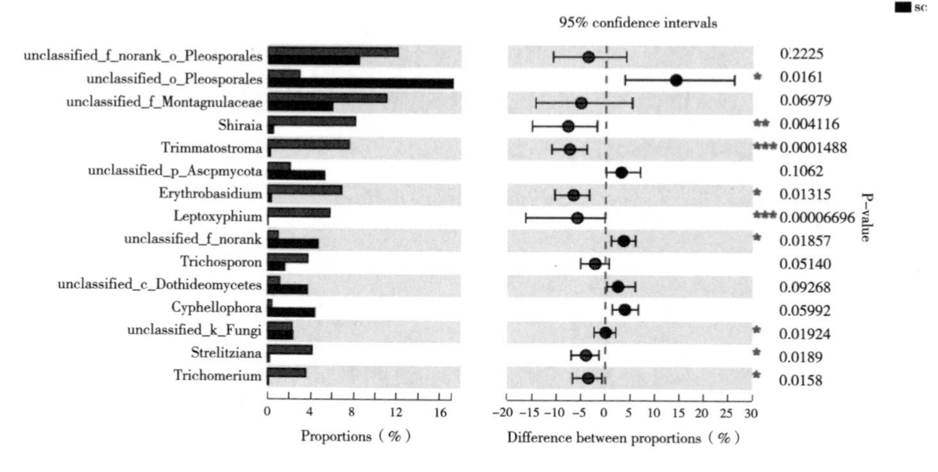

（B）两地大熊猫幼仔肠道真菌差异分析

注：（B）■上海幼仔大熊猫个体肠道优势真菌年平均丰度，■四川幼仔大熊猫个体肠道优势真菌年平均丰度

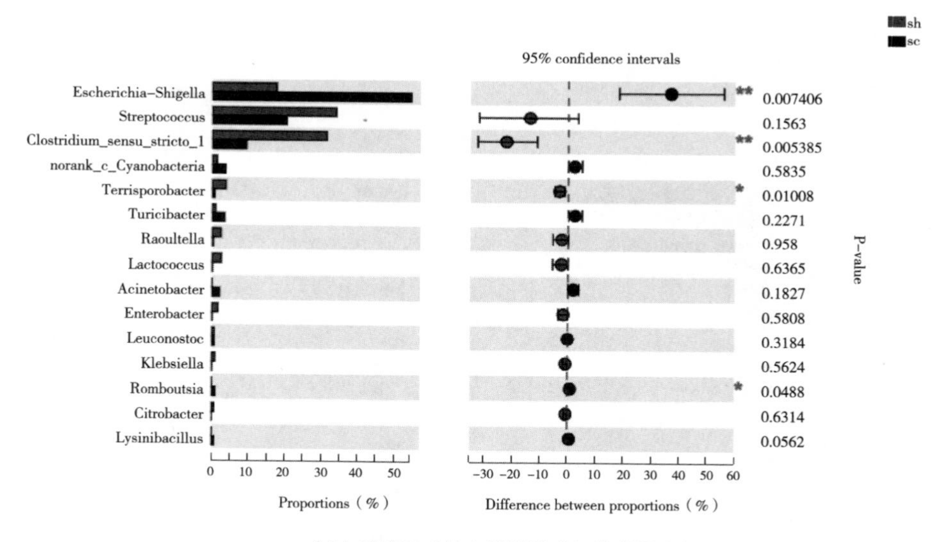

（C）两地亚成体大熊猫肠道细菌差异分析

注：（C）■上海亚成体大熊猫个体肠道优势细菌年平均丰度，■四川亚成体大熊猫个体肠道优势细菌年平均丰度

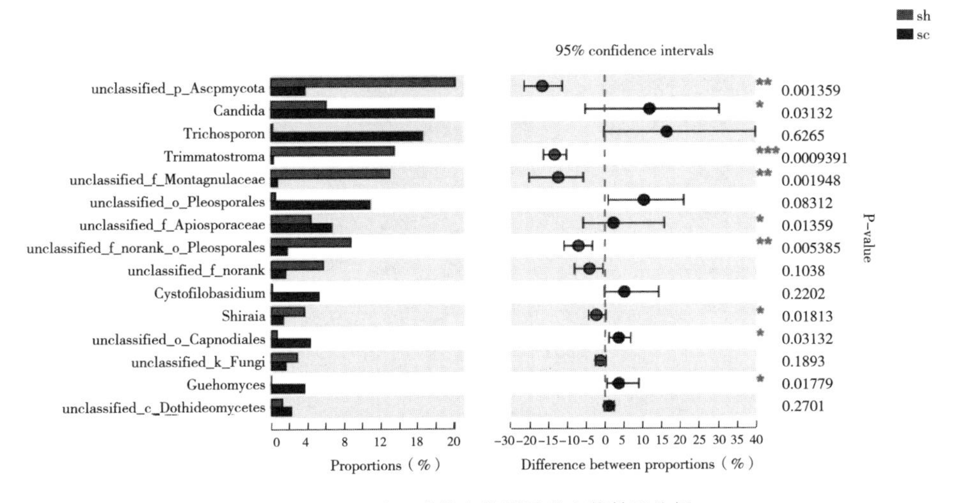

（D）两地亚成体大熊猫肠道真菌差异分析

注：（D）■上海亚成体大熊猫个体肠道优势真菌年平均丰度，■四川亚成体大熊猫个体肠道优势真菌年平均丰度

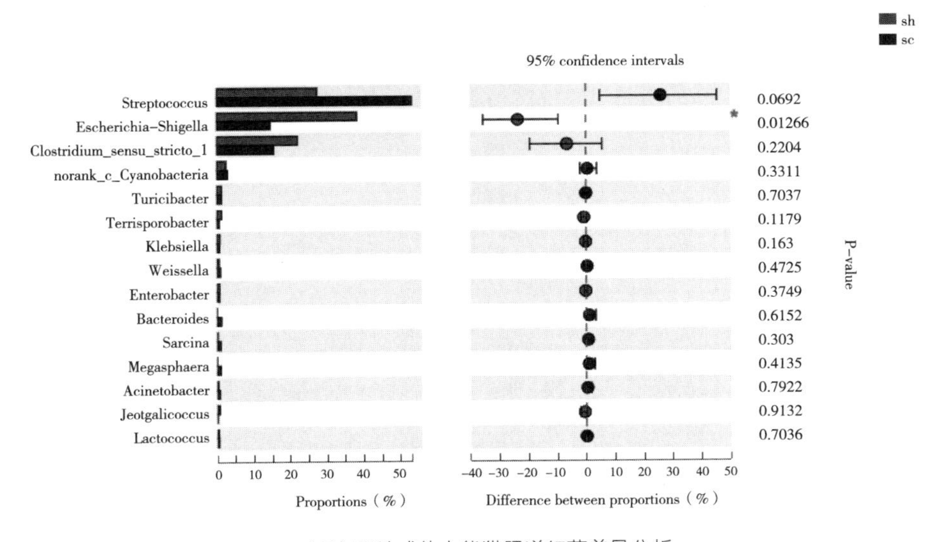

（E）两地成体大熊猫肠道细菌差异分析

注：（E）■上海成体大熊猫个体肠道优势细菌年平均丰度，■四川成体大熊猫个体肠道优势细菌年平均丰度

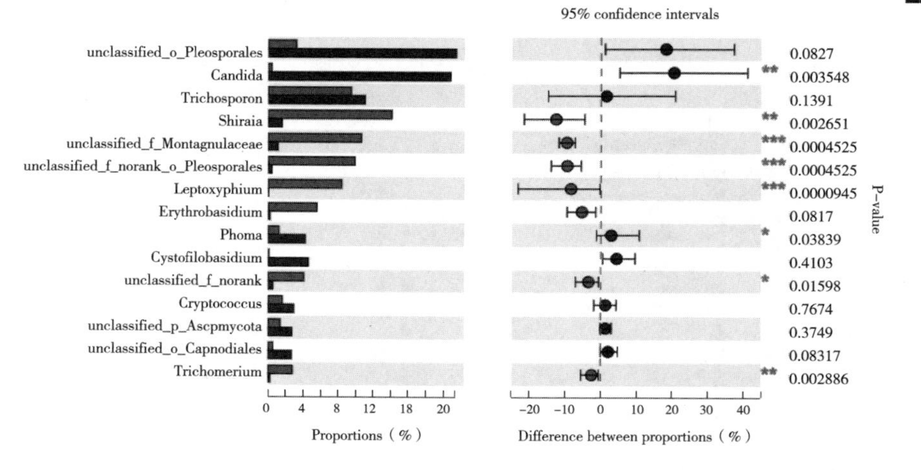

（F）两地成体大熊猫肠道真菌差异分析

注：（F）■上海成体大熊猫个体肠道优势真菌年平均丰度，■四川成体大熊猫个体肠道优势真菌年平均丰度。

图6-2　两地幼仔、亚成体、成体大熊猫肠道优势细菌、真菌丰度比较结果（详见彩色插页图5）

幼仔时期，上海和四川大熊猫间的*Clostridium_sensu_stricto_1*丰度差异显著，四川大熊猫幼仔显著高于上海；亚成体时期，上海和四川大熊猫间的*Clostridium_sensu_stricto_1*和*Streptococcus*丰度差异显著，四川亚成体大熊猫的*Streptococcus*显著高于上海，而*Clostridium_sensu_stricto_1*在上海熊猫中数量更多；成体时期，*Escherichia-Shigella*在两地大熊猫之间差异显著，上海高于四川。

此外，比较两地各年龄段大熊猫肠道优势真菌的差异发现，大熊猫肠道中真菌的差异较细菌更加明显，这可能是由于真菌的生长受外界环境和大熊猫肠道微环境的影响较大，多种真菌在两地不同年龄段大熊猫肠道中都存在显著的丰度差异。如*Shiraia* 就是非常典型的，该菌属在两地幼仔、亚成体、成体大熊猫间皆存在显著差异。*Shiraia*是一类特殊存在于竹子的真菌，而且比较适宜江南一带温润阴凉的环境，在高海拔的四川竹子中丰度不高，所以上海大熊猫肠道中*Shiraia*的丰度亦显著高于四川大熊猫。

上述结果表明，虽然不同年龄段两地大熊猫肠道优势微生物的种类相似

（特别是细菌的种类相似），这可能是由于大熊猫具有相同的遗传规律和生命行为，但优势微生物的丰度和占比发生了较大的变化，而这种变化与环境因素、饮食因素等关系密切。

6.2.3 两地大熊猫肠道微生物结构差异性及其与肠道纤维素酶活的相关性分析

为阐明两地环境差异对大熊猫肠道微生物结构及纤维素消化能力的影响，研究了上海和四川两地不同发育阶段的大熊猫肠道微生物结构与肠道纤维素酶活的相关性，结果见表6-4。表中的分析结果表明，大熊猫肠道中的优势微生物结构也与环境密切相关，如不同微生物与海拔的响应趋势不同，*unclassified__f_Mongtagnulaceae*受海拔影响显著，且与海拔因素呈现负相关。

纤维素酶活与细菌chao指数的相关性系数为0.894，表示纤维素酶活与细菌的丰富度相关性显著，即不同地区的大熊猫肠道细菌的丰富度越高越有利于促进其纤维素酶活性，这可能也是上海幼仔、成体纤维素酶活性高于四川，而亚成体纤维素酶活性低于四川的原因。

另外，研究了两地大熊猫食物的主要理化成分，结果见表6-5。两地食物中的氮含量差异显著，已有研究显示，多种细菌在氮源较丰富的环境下，生长情况较好，如上海大熊猫优优肠道中的优势细菌*Bacillus*、*Pseudomonas*，这表示上海大熊猫个体肠道菌群结构复杂且存在若干喜好氮源的肠道优势细菌菌属，这可能也是其纤维素酶活性较高的原因之一。

比较考虑海拔因素和不考虑海拔因素两种情况下的相关性结果发现，在不考虑海拔因素下真菌如*Trimmatostroma*与纤维素酶活性呈显著的负相关关系，相关系数高达-0.843，而考虑海拔因素对该种真菌的影响下，该菌与纤维素酶活性的负相关性降低。这表明海拔因素可能会对*Trimmatostroma*产生一定的影响，降低其对纤维素降解的抑制作用。

6.3 讨论

上海和四川不同年龄段大熊猫个体的肠道纤维素酶活性差异显著，表明地区环境差异（含海拔差异）可能对两地大熊猫的纤维素消化能力产生了较大影响。两地不同年龄段大熊猫肠道微生物的多样性和微生物数量差异较大。不同年龄段两地大熊猫肠道优势微生物的种类相似（特别是细菌的种类相似），这可能是由于大熊猫具有相同的遗传规律和生命行为，但优势微生物的丰度和占比发生了较大的变化，而这种变化与环境因素、饮食因素等关系密切。分析两地熊猫食物的主要成分（表6-5），结果显示两地食物中的氮含量差异显著，有研究表明多种细菌在氮源较丰富的环境下，生长情况较好，如上海大熊猫优优肠道中的优势细菌*Bacillus*、*Pseudomonas*。所以上海大熊猫个体肠道菌群结构复杂，且存在若干喜好氮源的肠道优势细菌菌属，可能是其纤维素酶活性较高与四川熊猫的原因之一。Pearson相关性分析也显示纤维素酶活与细菌的丰富度的相关性显著。

表6-5　两地大熊猫食物理化成分测定（%）

地区	阶段	食物	C	N	C/N	纤维素	木质素
上海	8月	竹子	45.01 ± 1.78[a]	1.72 ± 0.05[a]	26.13 ± 0.26[a]	29.75 ± 2.76[a]	9.99 ± 0.43[a]
		窝头	41.14 ± 0.057[a]	2.07 ± 0.019[a]	19.92 ± 0.212[a]	20.06 ± 3.504[a]	8.85 ± 0.300[a]
	11月	竹子	44.18 ± 0.72[a]	2.325 ± 0.04[a]	19.26 ± 0.29[a]	32.51 ± 4.01[a]	9.89 ± 0.19[a]
		竹笋	37.23 ± 0.495	4.44 ± 0.025[a]	8.39 ± 0.158	22.26 ± 3.038	4.71 ± 0.429
		窝头	42.97 ± 1.308[a]	3.17 ± 0.074[a]	13.57 ± 0.098[a]	24.31 ± 0.903[a]	3.73 ± 0.165[a]
	2月	竹子	43.09 ± 2.82[a]	1.73 ± 0.18[a]	25.38 ± 0.87[a]	43.77 ± 6.03[a]	10.12 ± 0.01[a]
		竹笋	40.56 ± 0.057	4.95 ± 0.043	8.19 ± 0.083	34.506 ± 5.173	9.03 ± 0.061
	5月	竹子	40.68 ± 0.06[a]	1.92 ± 0.03[a]	21.24 ± 0.40[a]	20.67 ± 0.99[a]	10.44 ± 1.54[a]
		竹笋	41.56 ± 0.021[a]	4.84 ± 0.008[a]	8.58 ± 0.009[a]	19.47 ± 0.844[a]	10.77 ± 0.613[a]
		窝头	40.87 ± 0.085[a]	2.18 ± 0.007[a]	18.73 ± 0.099[a]	53.81 ± 0.844[a]	9.76 ± 0.692[a]
四川	8月	竹子	43.39 ± 0.06[a]	0.93 ± 0.09[b]	46.87 ± 4.95[b]	35.71 ± 1.41[a]	9.96 ± 0.31[a]
		竹笋	41.36 ± 0.956	3.59 ± 0.008	11.53 ± 0.239	33.09 ± 3.685	6.09 ± 0.172
		窝头	43.62 ± 0.091[b]	3.09 ± 0.021[b]	14.12 ± 0.064[b]	18.12 ± 1.739[a]	6.60 ± 0.025[b]

续表

地区	阶段	食物	C	N	C/N	纤维素	木质素
四川	11月	竹子	42.21 ± 0.53[a]	0.91 ± 0.05[b]	47.06 ± 1.79[b]	34.95 ± 3.04[a]	9.81 ± 0.18[a]
		窝头	43.42 ± 0.368[a]	3.301 ± 0.047[a]	13.17 ± 0.053[a]	18.53 ± 2.728[b]	5.71 ± 0.141[b]
	2月	竹子	42.45 ± 0.58[a]	1.17 ± 0.25[b]	35.86 ± 0.15[b]	29.99 ± 3.15[b]	10.70 ± 0.16[b]
		窝头	44.48 ± 0.488[b]	3.44 ± 0.033[b]	12.91 ± 0.315[b]	37.98 ± 5.998	9.95 ± 0.227
	5月	竹子	42.92 ± 0.87[b]	0.94 ± 0.19[b]	46.86 ± 7.89[b]	31.93 ± 4.19[a]	10.37 ± 0.21[a]
		竹笋	42.48 ± 0.042[b]	4.86 ± 0.003[a]	8.75 ± 0.014[b]	28.06 ± 0.292[b]	9.63 ± 0.521[a]
		窝头	43.81 ± 0.12[b]	3.51 ± 0.037[b]	12.47 ± 0.096[b]	36.09 ± 0.552[b]	9.19 ± 0.067[a]

6.4 本章小结

上海和四川不同年龄段大熊猫个体的肠道纤维素酶活性差异显著。两地大熊猫幼仔、亚成体、成体个体之间的肠道菌群结构存在显著差异，同时两地大熊猫的肠道真菌也差异显著。*Shiraia*在两地幼仔、亚成体、成体大熊猫间皆存在显著差异，且上海大熊猫肠道中*Shiraia*的丰度亦显著高于四川大熊猫。*Shiraia*是一类特殊存在于竹子的真菌，而且比较适宜江南一带温润阴凉的环境，在高海拔的四川竹子中丰度不高，所以食物因素可能是影响该菌在两地大熊猫肠道中的丰度差异的主要因素。

相关性分析结果显示，纤维素酶活与细菌chao指数的相关性系数为0.894，表示纤维素酶活与细菌的丰富度相关性显著，即不同海拔的大熊猫肠道细菌的丰富度越高越有利于促进其纤维素酶活性。研究发现，这可能与食物的含氮量密切相关。此外，大熊猫肠道中的优势真菌多数与纤维素酶活性具有负相关关系，但参考海拔因素的影响后发现，两者之间的负相关系数减小，一定程度上说明了高海拔可能不利于某些致病真菌的生长，从而减弱其对大熊猫消化纤维素的抑制作用。

第7章

大熊猫幼仔食物转化阶段消化酶活性和肠道微生物结构的演变及其相关性

大熊猫是我国的特产珍稀濒危物种之一，国家在加强保护其自然栖息地的同时，还开展了圈养条件下的繁育工作。然而研究发现，大熊猫幼仔的死亡率较高，平均为42.92%，主要是由于母兽的哺育能力较差，大熊猫对营养的消化吸收及免疫能力较低。

大熊猫是我国的特产珍稀濒危物种之一，国家在加强保护其自然栖息地的同时，还开展了圈养条件下的繁育工作。然而研究发现，大熊猫幼仔的死亡率较高，平均为42.92%，主要是由于母兽的哺育能力较差，大熊猫对营养的消化吸收及免疫能力较低。因此研究大熊猫幼仔食物转化阶段其肠胃消化能力的变化规律对于大熊猫幼仔的保育具有较大的价值，但相关研究较少。大熊猫幼仔肠道的主要消化酶包括纤维素酶、蛋白酶、淀粉酶、脂肪酶。

肠道微生物是动物体内的微生态系统，随着基因组测序技术的发展，人们对肠道微生物，特别是肠道菌群对宿主的重要作用认识深刻。肠道微生物能够调节宿主的生理健康，尤其对宿主的生长发育、代谢免疫具有极大的影响，其主要功能即参与动物对营养的消化吸收。有研究报道，肠道微生物参与动物对蛋白质和氨基酸的代谢，而且对于大熊猫这类专性食竹的食肉动物来说，其本身不具备降解纤维素能力而主要依靠肠道纤维素降解菌群实现，所以肠道微生物对大熊猫消化食物主要营养具有重要作用。研究大熊猫幼仔消化酶活性与肠道微生物结构进行相关性分析，更深入地阐述了大熊猫幼仔食物转化阶段的消化、吸收的机理与规律，更明确了肠道微生物对于初生大熊猫的重要作用，为大熊猫幼仔的保育工作提供基础。

肠道微生物主要来源于环境，对于大熊猫幼仔除了饮食摄入，还可通过母婴遗传。总之，肠道微生物对于初生的大熊猫幼仔的生长发育具有更加重要的作用。因此研究大熊猫幼仔食物转化阶段肠道微生物结构的演变，对于揭示肠道微生物对于初生的大熊猫幼仔的影响具有重大价值，也为大熊猫幼仔的保育提供条件。

7.1 材料与方法

7.1.1 研究对象与样品采集

7.1.1.1 研究对象

研究对象概况见表7-1。

表7-1 大熊猫个体信息

呼名	谱系	年龄	性别	圈养地	出生年月日
月月	1052	幼仔	雄	上海	20161004
半半	1053	幼仔	雌	上海	20161004
初心	1020	幼仔	雌	四川	201607
杰瑞	1041	幼仔	雄	四川	201608
胖妞（替补）	1037	幼仔	雌	四川	201608

7.1.1.2 样品采集

采集工作根据大熊猫的圈养地分别在上海野生动物园、上海动物园和四川省中国大熊猫保护研究中心进行，采样时间为2017年8月至2018年5月，共采集4次，分别在8月、11月、2月、5月。采样期间观察熊猫体况（熊猫体重、健康情况、粪便量等指标）及采食情况（主要食物种类、摄入量等指标），并采集5只圈养大熊猫的新鲜粪便。粪便为隔天早上采集的圈内便，受环境干扰较小。连续采集5天，每天采集150 g粪便冷藏保存，采集50 g粪便冷冻保存。

7.1.1.3 食物转化期食物情况

大熊猫幼仔食物转化期的主要食物配置见表7-2。

表7-2 大熊猫幼仔食物转化情况一览

时间	食物结构
2017.08前后	以奶粉为主要食物
2017.08—11	奶粉，辅食窝头、少量竹笋、苹果、胡萝卜等，少量啃食竹子
2017.11—2018.02	奶粉，辅食窝头、竹笋、苹果、胡萝卜等，增加竹子食用量
2018.02—05	奶粉，辅食窝头、竹笋、苹果、胡萝卜等，保持正常竹子食用量

7.1.2 分析方法

7.1.2.1 大熊猫幼仔肠道纤维素酶活性分析

大熊猫粪便样带回实验室取核心无污染部分充分混合预处理。混合好的样品放置4 ℃保存，用时取出。取5 g大熊猫粪便，加入5 mL 1%羧甲基纤维素溶液和5 mL pH 5.5的醋酸盐缓冲液，滴加甲苯，37 ℃条件下，培养72 h并用DNS法显色测定酶活性，要做无基质对照。1 h水解释放1 μg葡萄糖定义为1个酶活单位U。

7.1.2.2 大熊猫幼仔肠道蛋白酶活性分析

大熊猫粪便样带回实验室取核心无污染部分充分混合预处理。混合好的样品放置4 ℃保存，用时取出。取5 g大熊猫粪便，加入20 mL 1%酪素，滴加甲苯，30 ℃条件下，培养24 h后加入2 mL 0.1N硫酸和12 mL 20%硫酸钠溶液，沉淀蛋白质，离心后用茚三酮比色法测定酶活性，做无基质对照。1 h水解释放1 μg甘氨酸定义为1个酶活单位U。

7.1.2.3 大熊猫幼仔肠道脂肪酶活性分析

大熊猫粪便样带回实验室取核心无污染部分充分混合预处理。混合好的样品放置4 ℃保存，用时取出。取2 g粪便样用20 mL（或30 mL）蒸馏水稀释至10倍或15倍酶液备用。加入4 mL底物溶液和5 mL缓冲液，做空白对照加入95%酒精15 mL，40 ℃下水浴预热5 min，加入1 mL酶液，准确反应15 min后，在实验组中加入95%酒精15 mL终止反应，使用氢氧化钠进行与脂肪酸的碱滴定反应。1 min水解释放1 μmol脂肪酸定义为1个酶活单位U。

7.1.2.4 大熊猫幼仔肠道淀粉酶活性分析

大熊猫粪便样带回实验室取核心无污染部分充分混合预处理。混合好的样品放置4 ℃保存，用时取出。取2 g粪便样用40 mL蒸馏水稀释20倍酶液备用。取4支试管，两支用于测定，两支用于对照，各管均加入1 mL稀释后的酶液及柠檬酸缓冲液1 mL，向对照管中加入4 mL 0.4 M氢氧化钠，钝化酶的活性，将4支管置于40 ℃恒温水浴中准确保温15 min再向试管分别加入40 ℃下预热的淀粉溶液2 mL，摇匀，立即放入40℃水浴中准确保温5 min后取出，向两支测定管分别迅速加入4 mL 0.4 M氢氧化钠，以终止酶的活性，取1 mL与3,5-二硝基水杨酸进行显色反应。1 min水解释放1 mmol还原糖定义为1个酶活单位U。

7.1.2.5　大熊猫幼仔肠道微生物多样性分析

冷冻保存的粪便样品首先从冰箱取出，加冰袋化冻一段时间。粪便样品需将5天的粪便样，用无菌药勺各取核心无污染部分10 g，混匀备用。

处理好的样品用PowerSoil® DNA Isolation Kit (Mo Bio Laboratories Inc., Carlsbad, CA, USA)试剂盒处理，提取并纯化总DNA，并使用NanodropTM 2000 Spectrophotometer (Nanodrop, Wilmington, DE, USA)仪器检测DNA浓度，-20℃保存备用。细菌使用338F（5'-ACTCCTACGGGAGGCAGCAG-3'）和806R（5'-GGACTACHVGGGTWTCTAAT-3'）进行扩增，反应体系20 μL：5×Fastpfu Buffer 4 μL、2.5 mM dNTPs 2 μL、FastPfu Polymerase 0.4 μL、引物各0.8 μL、BSA 0.2 μL、模板10 ng，并用ddH$_2$O补齐；真菌使用ITS1F（5'-CTTGGTCATTTAGAGGAAGTAA-3'）和ITS2（2043R）（5'-GCTGCGTTCTTCATCGATGC-3'）进行扩增，反应体系：10×Buffer 2 μL、2.5 mM dNTPs 2 μL、rTaq Polymerase 0.2 μL，引物各0.8 μL、BSA 0.2 μL、模板10 ng，用ddH$_2$O补齐。反应条件：95 ℃、3 min，95 ℃、30 s，55 ℃、30 s，72 ℃、45 s（细菌27个循环、真菌35个循环），72 ℃ 10 min，10 ℃结束反应。扩增产物使用2%琼脂糖凝胶进一步纯化、分离。采用Illumina Miseq测序仪测序。本研究测序和生物信息服务由美吉生物公司完成。序列reads在GenBank数据库中SRA数据库可以检索到。

7.1.2.6　数据处理与分析

大熊猫纤维素酶活数据使用Excel 2010软件进行处理和分析，所有数据均用平均值和标准误差表示（n=3），显著差异表示为P<0.05，并绘制表格和曲线。通过SPSS数据处理软件对所得的实验数据，包括大熊猫幼仔食物转化阶

段不同采样时间下的消化酶活数据，以及由美吉生物公司进行生物信息学分析后，得到的大熊猫肠道细菌、真菌多样性及优势微生物OTU丰度的代表性数据。变量之间相互关联，通过Pearson相关性分析，利用相关性系数，反映两个变量之间的关联程度。

7.2 结果与分析

7.2.1 大熊猫幼仔食物转化阶段各种消化酶活性的演变

7.2.1.1 大熊猫幼仔肠道纤维素酶活性

分析了大熊猫幼仔处于食物转化期的肠道纤维素酶活性，结果见表7-3和图7-1。

表7-3 大熊猫幼仔食物转化阶段肠道纤维素酶活性结果（U/g）

时间	201708	201711	201802	201805
上海	13.55 ± 2.167	9.77	33.05 ± 2.296	13.71 ± 11.574
四川	6.35 ± 4.037	1.03 ± 0.290	19.50 ± 20.624	0.69 ± 0.093

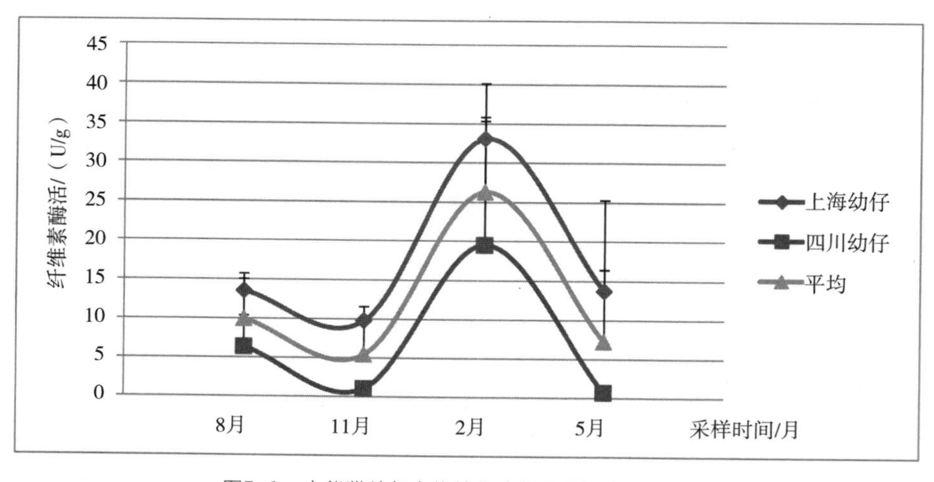

图7-1 大熊猫幼仔食物转化阶段肠道纤维素酶活性

大熊猫幼仔在食物转化阶段纤维素酶活性的波动较大。8—11月幼仔的肠道纤维素酶活性较低，平均酶活为5.4 U/g；11—2月酶活性明显增加，2—5月纤维素酶活性降低，至13.71 U/g。大熊猫幼仔从11月开始逐渐增加竹子的摄入，这可能是其纤维素酶活性显著上升的原因，至2月熊猫幼仔的纤维素酶活最高为33.05 U/g。上海和四川两地大熊猫纤维素酶活差异较大，在食物转化期上海熊猫幼仔的纤维素酶活性普遍高于四川，但两地的变化趋势基本相似。

7.2.1.2 大熊猫幼仔肠道蛋白酶活性

分析了大熊猫幼仔处于食物转化期的肠道蛋白酶活性，结果见表7-4和图7-2。

表7-4 大熊猫幼仔食物转化阶段肠道蛋白酶活性结果（U/g）

时间	201708	201711	201802	201805
上海	199.64 ± 13.513	97.45	66.49 ± 7.375	152.66 ± 17.536
四川	110.87 ± 1.032	87.38 ± 18.351	25.14 ± 3.749	109.47 ± 0.877

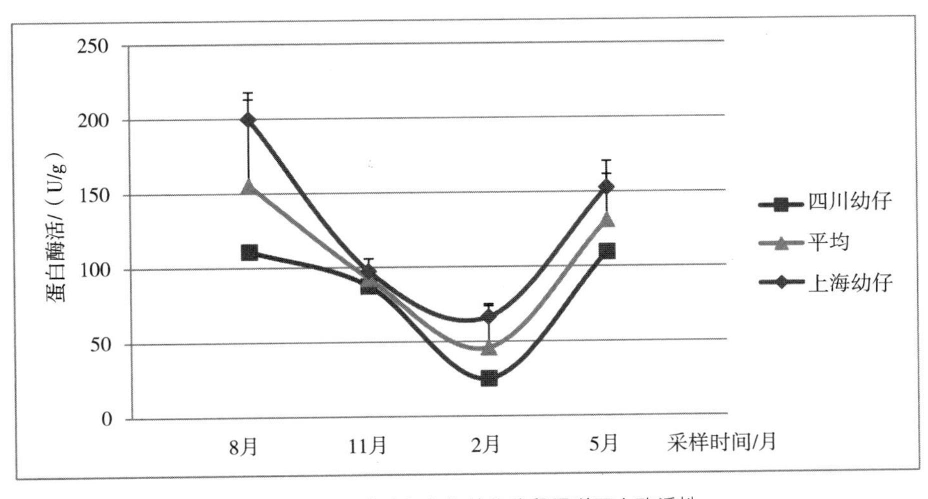

图7-2 大熊猫幼仔食物转化阶段肠道蛋白酶活性

大熊猫幼仔的蛋白酶活性从8月开始呈现下降趋势，一直到2月达到最低，平均酶活为25.14 U/g，之后幼仔的蛋白酶活性开始增加，5月测得的幼仔的蛋白酶活性恢复到100～150 U/g。上海和四川的大熊猫幼仔在食物转化期的蛋白酶活性变化趋势相似，上海大熊猫幼仔的蛋白酶活性较高。

7.2.1.3 大熊猫幼仔肠道脂肪酶活性

分析了大熊猫幼仔处于食物转化期的肠道脂肪酶活性，结果见表7-5和图7-3。

表7-5 大熊猫幼仔食物转化阶段肠道脂肪酶活性结果（U/g）

时间	201708	201711	201802	201805
上海	21.13 ± 1.83	33.25	18.63 ± 7.25	11.25 ± 3.89
四川	16.63 ± 4.54	21.33 ± 3.32	51.08 ± 12.81	10.38 ± 3.71

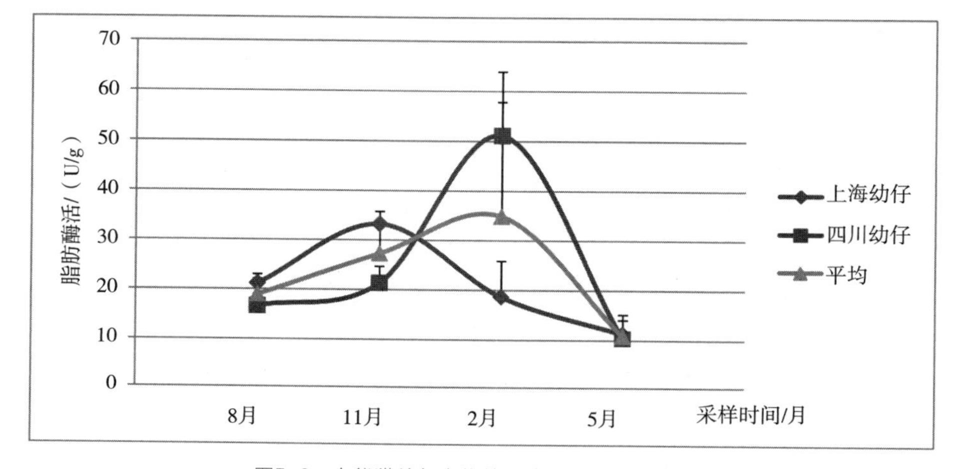

图7-3 大熊猫幼仔食物转化阶段肠道脂肪酶活性

大熊猫幼仔的脂肪酶活性在8—11月呈现增加趋势，11月后上海大熊猫幼仔的脂肪酶活性呈现降低趋势，8—11月大熊猫幼仔以奶粉和窝头为主要食物，11月后幼仔开始食竹并且逐渐增加摄入量，食物营养成分的变化可能是影响脂肪酶活性的主要原因。两地大熊猫幼仔脂肪酶活变化趋势差异较显著，即脂肪酶在大熊猫幼仔食物转化阶段无明显的普适变化规律。

7.2.1.4 大熊猫幼仔肠道淀粉酶活性

分析了大熊猫幼仔处于食物转化期的肠道脂肪酶活性，结果见表7-6和图7-4。

表7-6　大熊猫幼仔食物转化阶段肠道淀粉酶活性结果（U/mL）

时间	201708	201711	201802	201805
上海	1.29 ± 0.890	9.61	2.59 ± 0.141	2.31 ± 0.258
四川	3.77 ± 0.700	0.84 ± 0.313	0.86 ± 0.263	1.74 ± 1.523

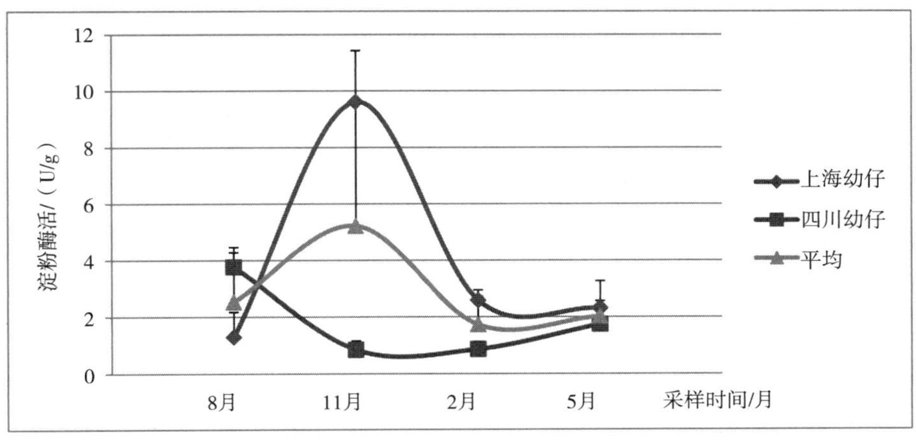

图7-4　大熊猫幼仔食物转化阶段肠道淀粉酶活性

大熊猫幼仔的淀粉酶活性在8—11月呈现增加趋势，11月后上海大熊猫幼仔的脂肪酶活性呈现降低趋势，与脂肪酶活性的变化相似，因此食物营养成分的变化可能也是影响淀粉酶活性的主要原因。但两地大熊猫幼仔淀粉酶活性的变化趋势差异较显著，即脂肪酶在大熊猫幼仔食物转化阶段无明显的普适性变化规律。

7.2.2　大熊猫幼仔食物转化阶段肠道微生物结构演变

7.2.2.1　大熊猫幼仔食物转化阶段肠道细菌、真菌多样性与结构演变

分析了大熊猫幼仔粪便中细菌、真菌的物种多样性，结果见表7-7。文库的覆盖率均在99%，覆盖度较好，结果可靠。根据香浓指数、Chao指数预测大熊猫肠道微生物OTU水平可知，大熊猫幼仔处于食物转化阶段时，其肠道微生物的多样性和微生物数量差异较大。大熊猫幼仔肠道细菌的量随着幼仔舔食

窝头、竹笋等其他食物而增加，肠道中细菌多样性在食物转化期逐渐减少。

表7-7　大熊猫幼仔肠道细菌和真菌Alpha多样性分析结果*

地区	转化阶段	细菌				真菌			
		OTU个数	香浓指数	Chao指数	覆盖率	OTU个数	香浓指数	Chao指数	覆盖率
上海	8月	103	2.25	125.4	99.9%	132	3.32	178.2	99.9%
	11月	179	2.16	242.5	99.9%	136	3.12	151.6	99.9%
	2月	177	1.97	239.7	99.9%	288	3.09	339.9	99.9%
	5月	200	2.29	284.3	99.9%	358	3.13	397.9	99.9%
四川	8月	100	1.85	137.0	99.9%	111	2.29	136.1	99.9%
	11月	145	1.56	229.9	99.9%	917	3.08	1193.7	99.9%
	2月	175	1.64	282.9	99.9%	811	3.64	985.6	99.9%
	5月	183	2.20	244.3	99.9%	559	3.46	607.3	99.9%

注：* 8月熊猫幼仔的食物主要为奶粉、窝头，11月幼仔食物主要为奶粉、窝头、竹笋和少量竹子，2月熊猫幼仔食物主要为奶粉、窝头、竹笋、竹子摄入量增加，5月熊猫幼仔食物为奶粉、窝头、竹笋、正常量竹子。

大熊猫幼仔真菌的香浓指数在食物转化阶段也存在下降趋势，即真菌多样性在食物转化期减少，而幼仔肠道中真菌总量随着食物转化，特别是在增加竹子摄入量（11月以后）后丰富度不断增加。两地大熊猫肠道微生物多样性指数在食物转化阶段存在较大差异，特别是真菌的多样性和丰富度差异显著。

通过对大熊猫幼仔肠道微生物结构的分析，得到大熊猫幼仔食物转化阶段（8月、11月、2月、5月）的肠道细菌、真菌属水平的组成，具体结果如图7-5和图7-6所示。上海大熊猫幼仔的肠道细菌结构在11月至次年2月发生了过渡，期间幼仔增食窝头、竹子，消化酶活性波动也比较大。由比较可见，8月与11月的细菌结构相似，2月与5月的细菌结构相似，11月和2月之间部分细菌的丰度发生了较大的变化，如*Lactobacillus*、*Romboutsia*这两种菌主要存在于肉食动物体内，而11月到2月丰度显著降低。大熊猫幼仔增食竹子，竹叶便量增加，可能是食性的变化影响了肠道菌群结构，在四川熊猫幼仔中也存在同样的情况。然而两地大熊猫幼仔的肠道优势菌主要是*Streptococcus*、*Escherichia-Shigella*、*Clostridium_sensu_stricto_1*、*Lactobacillus*，在大熊猫的肠道中占比始终较高。

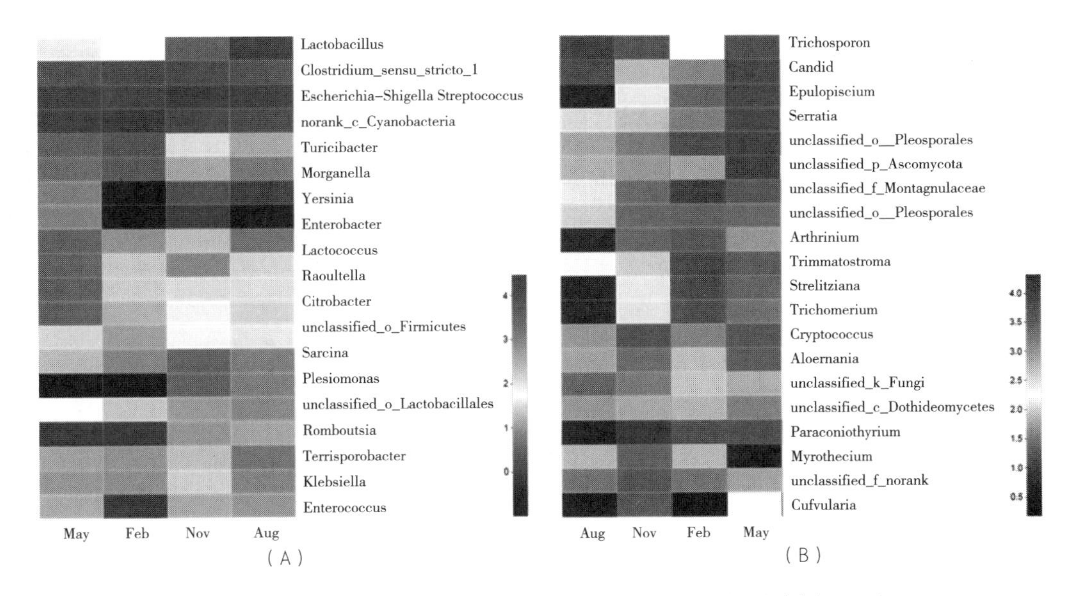

图7-5　上海大熊猫幼仔食物转化阶段肠道微生物结构（详见彩色插页图6）

注：（A）属水平的细菌结构；（B）属水平的真菌结构。

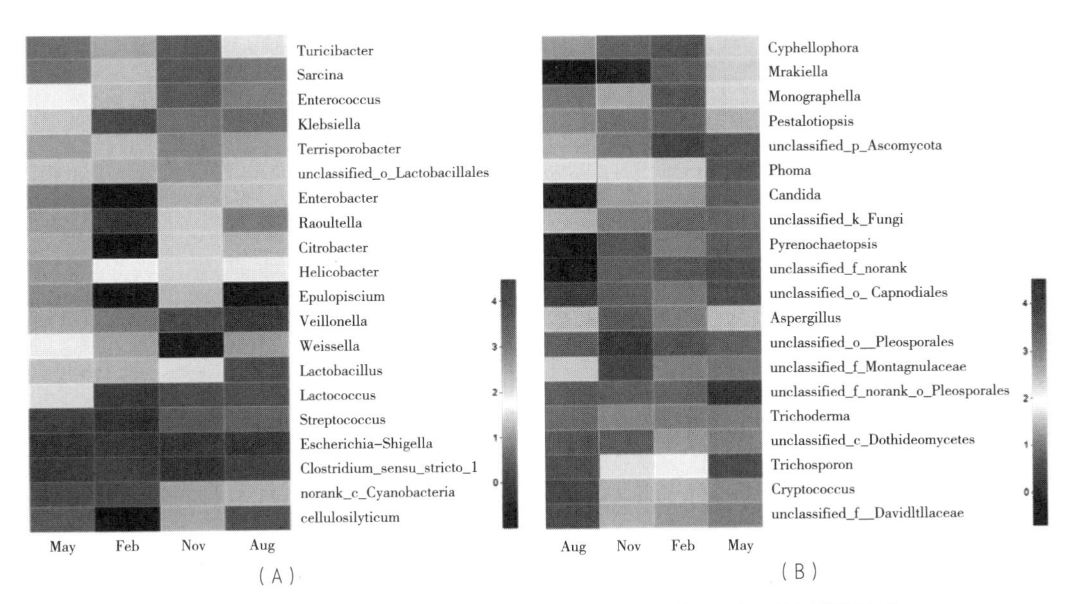

图7-6　四川大熊猫幼仔食物转化阶段肠道微生物多样性（详见彩色插页图7）

注：（A）属水平的细菌组成；（B）属水平的真菌组成。

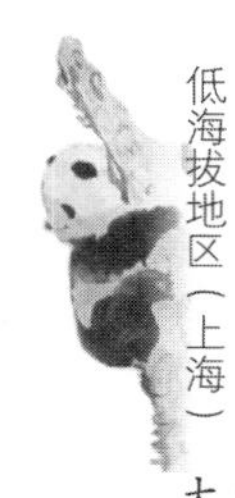

大熊猫幼仔肠道优势真菌主要有*unclassified_o_Pleosporales*、*unclassified_f_Montagnulaceae*、*unclassified_p_Ascomycota*。此外，熊猫在11月至次年2月食物转化阶段，上海大熊猫幼仔真菌丰度和多样性也存在较大差异，其中*unclassified_f_Montagnulaceae*、*unclassified_p_Ascomycota*、*unclassified_c_Dothideomycete*、*Mrakiella*、*Curvularia*等变化显著，这些微生物与大熊猫幼仔消化、吸收的影响仍需进一步研究。上海大熊猫幼仔的肠道微生物结构与四川大熊猫幼仔存在差异，具体原因分析可见课题（16dz1205903）结题报告中相关阐述。

7.2.2.2 熊猫幼仔食物转化阶段肠道优势微生物变化情况

在大熊猫幼仔食物转化阶段中不同采样时间下，肠道优势细菌、真菌的丰度随大熊猫发育过程的变化曲线，如图7-7～图7-10所示。

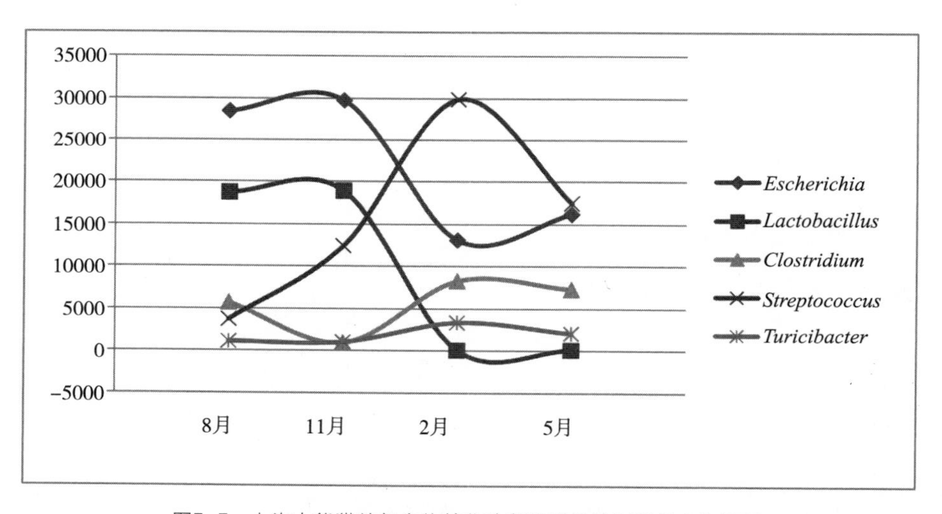

图7-7 上海大熊猫幼仔食物转化阶段肠道优势细菌的变化情况

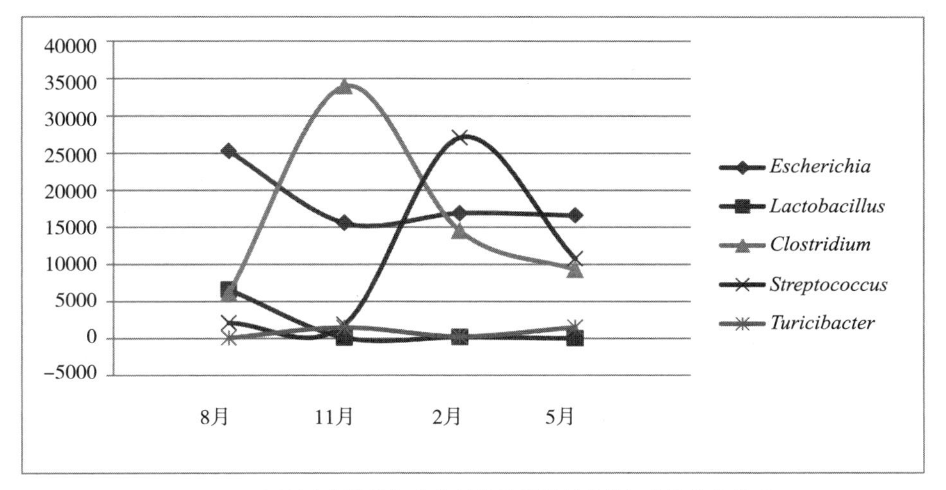

图7-8 四川大熊猫幼仔食物转化阶段肠道优势细菌的变化情况

大熊猫幼仔食物转化阶段优势细菌的丰度波动较大，其中*Streptococcus*的丰度变化与纤维素酶活性的变化趋势具有一致性，由此推测*Streptococcus*可能与幼仔肠道纤维素消化关系密切；*Escherichia-Shigella* 和*Lactobacillus*与蛋白酶活性的变化趋势具有一致性，由此推测*Streptococcus*可能是幼仔肠道蛋白消化的主要参与菌群；此外，大熊猫的肠道优势细菌也与肠道脂肪酶、淀粉酶的变化趋势存在一定的关联，由此可见大熊猫的肠道菌群结构与其消化酶的活性密切相关，而且存在复杂的菌群关系，可以是同一种微生物影响不同的消化酶活性，也可以是不同微生物共同作用于某种消化酶。

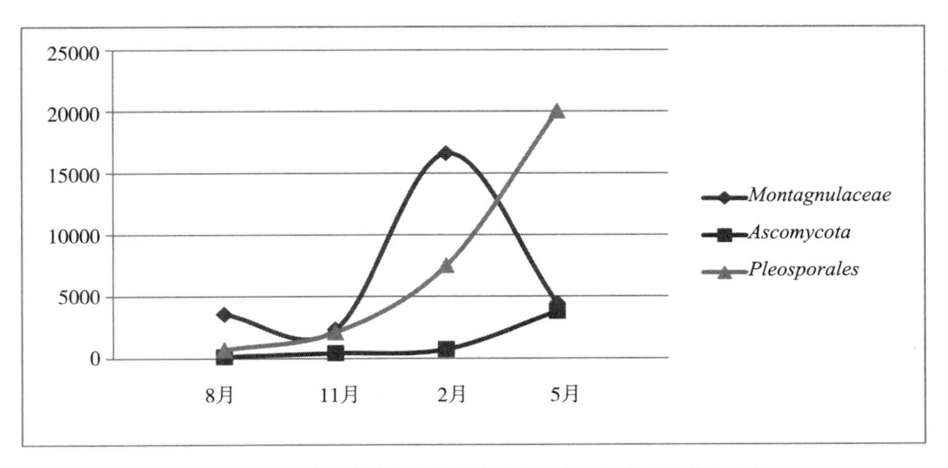

图7-9 上海大熊猫幼仔食物转化阶段肠道优势真菌的变化情况

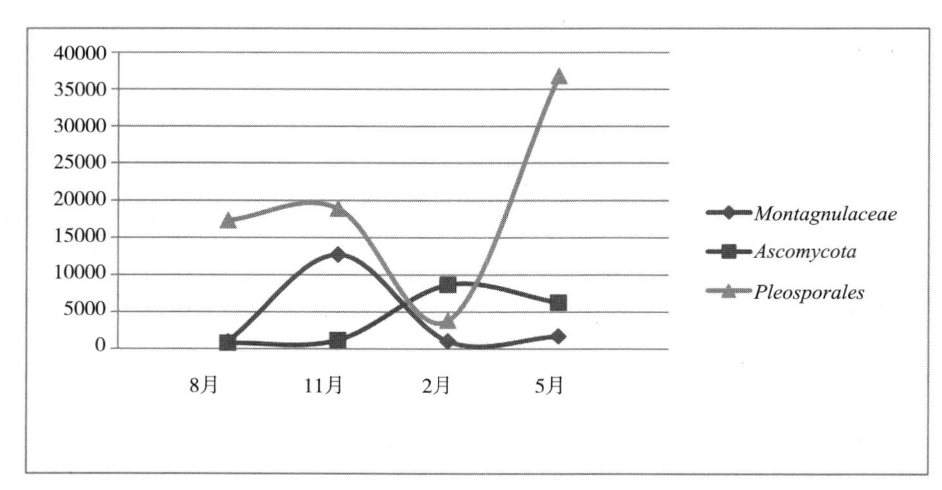

图7-10　四川大熊猫幼仔食物转化阶段肠道优势真菌的变化情况

此外，这种情况也存在于大熊猫肠道优势真菌群中。在上海大熊猫幼仔食物转化阶段优势真菌*unclassified_f_Montagnulaceae*与纤维素酶活性变化具有相似性，而在四川幼仔中则是*unclassified_p_Ascomycota*与纤维素酶活性曲线具有较大的一致性，可见真菌不同于细菌，大熊猫肠道中的优势细菌是长期稳定存在于其肠道的菌群，在两地大熊猫的发育阶段中皆存在一定的变化规律和对两地大熊猫消化酶活性影响的一致性，而真菌受外界环境和大熊猫肠道环境影响较大，不是长期存在于熊猫肠道的微生物，因此没有明显的进化规律，两地大熊猫幼仔的功能性真菌可能是不同的。肠道中真菌丰度显著上升时，大熊猫幼仔的消化酶活性都有明显的降低趋势，由此可见，大熊猫肠道中少量的真菌对其消化、吸收是有利的，但真菌的数量快速增长反而会抑制消化酶的活性。

7.2.2.3　消化酶活变化显著阶段（11月至次年2月）大熊猫幼仔肠道优势微生物差异性分析

从图7-11的结果可见，11月—次年2月大熊猫幼仔的肠道优势细菌、真菌的丰度差异较大。11月优势细菌*Clostridium*、*Streptococcus*丰度明显高于2月，*Lactococcus*的丰度在11月—次年2月呈下降趋势，可能与其长期食用奶粉有关。11月大熊猫幼仔的肠道优势真菌结构较简单，肠道中*unclassified_o_Pleosporales*丰度明显较高，2月大熊猫幼仔的肠道优势真菌种类增加，如

unclassified_f_Montagnulacese、*Trimmatostroma*、*unclassified_p_Ascomycota*、*Cyphllophora*、*Strelitziana*等多种真菌丰度明显高于11月。这可能与幼仔生长发育过程中开始加大对外界环境的交流，以及开始增加竹子的食用量有关。两地大熊猫幼仔食物转化阶段优势微生物结构和丰度的变化情况存在差异，四川大熊猫幼仔在食物转化阶段肠道微生物结构变化更显著。

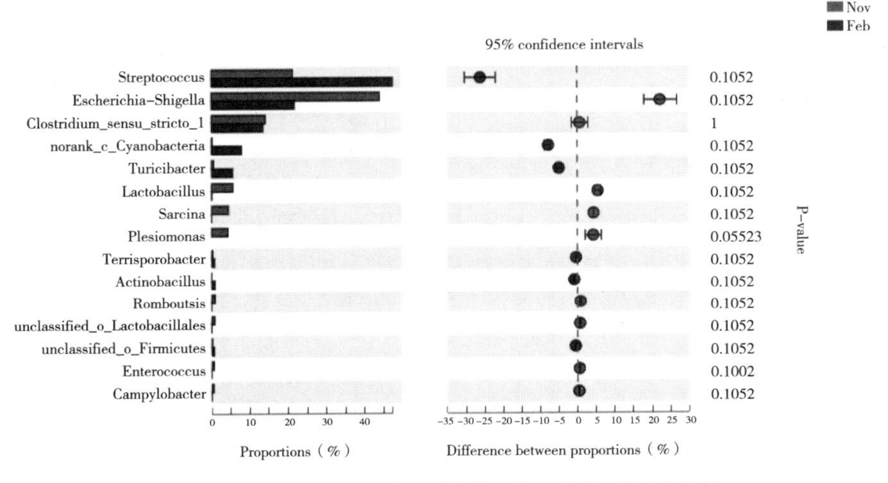

（A）上海大熊猫幼崽肠道优势细菌11月和2月丰度比较

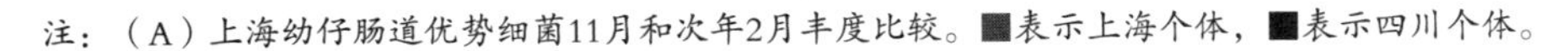
注：（A）上海幼仔肠道优势细菌11月和次年2月丰度比较。■表示上海个体，■表示四川个体。

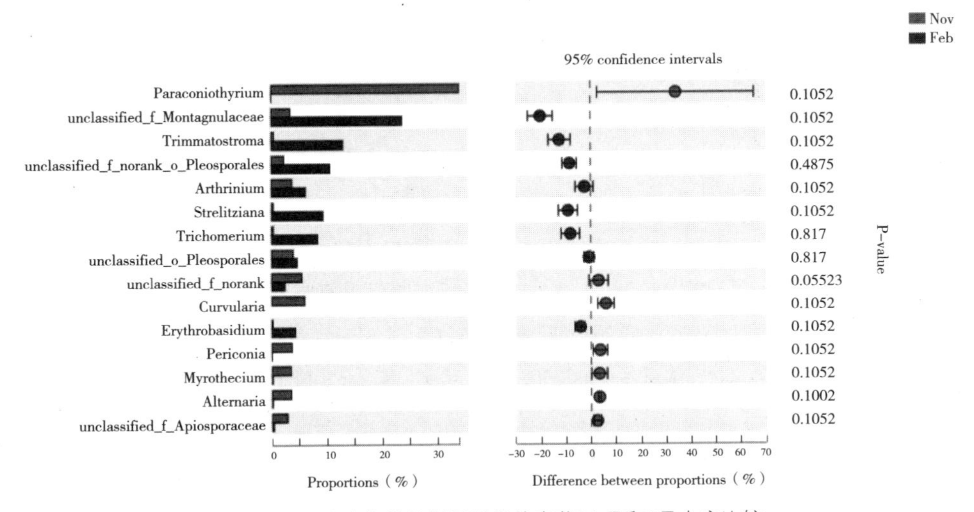

（B）上海大熊猫幼崽肠道优势真菌11月和2月丰度比较

注：（B）上海幼仔肠道优势真菌11月和次年2月丰度比较。■表示上海个体，■表示四川个体。

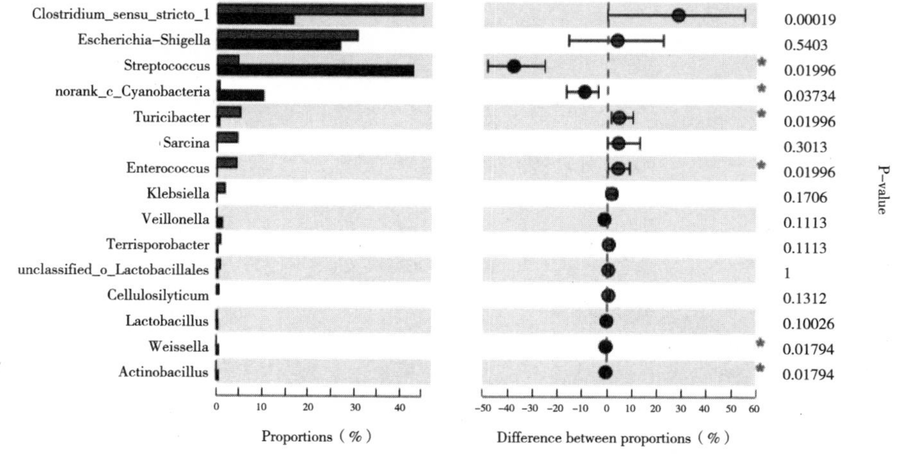

（C）四川大熊猫幼崽肠道优势细菌11月和2月丰度比较

注：（C）四川幼仔肠道优势细菌11月和次年2月丰度比较。■表示上海个体，■表示四川个体。

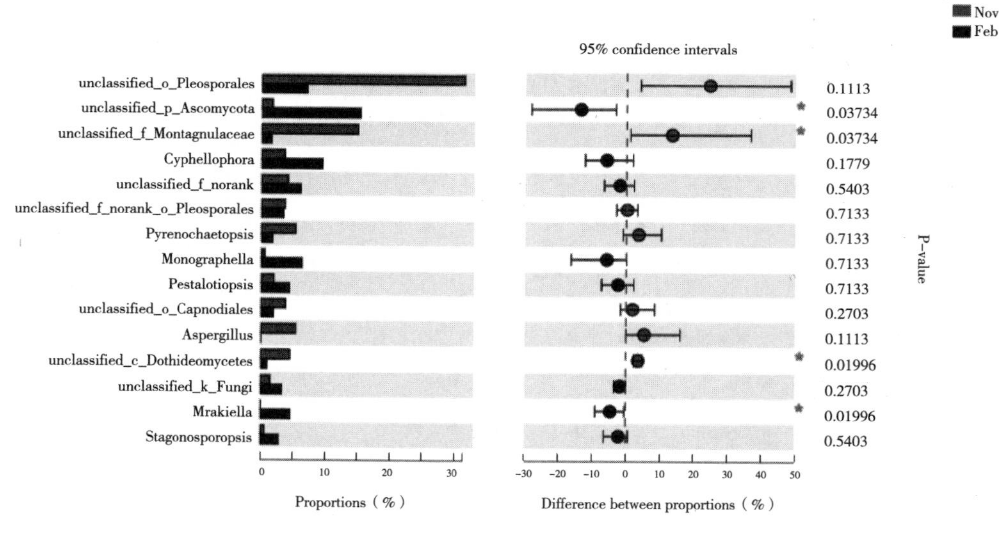

（D）四川大熊猫幼崽肠道优势真菌11月和2月丰度比较

注：（D）四川幼仔肠道优势真菌11月和次年2月丰度比较。■表示上海个体，■表示四川个体。

图7-11　两地大熊猫幼仔11月和2月肠道优势细菌、真菌丰度结果（详见彩色插页图8）

总之，在大熊猫幼仔食物转化过程的关键阶段，大熊猫肠道细菌、真菌的微生物结构发生了剧烈的变化。而具体的微生物结构的变化对大熊猫生命活动的重要意义，需要长期跟踪大熊猫幼仔，甚至发育到亚成体、成体的过程，从中揭示肠道微生物的演变规律和生命意义。

7.2.3 大熊猫幼仔食物转化阶段肠道微生物结构演变与不同消化酶活性变化的相关性分析

通过SPSS对大熊猫幼仔食物转化阶段肠道优势微生物丰度变化及微生物多样性变化情况与不同消化酶活性变化情况进行相关性分析，结果见表7-8～表7-11。

大熊猫幼仔的纤维素酶活性在食物转化阶段波动较大，且纤维素酶活性与大熊猫的肠道微生物的关系密切，特别与*Streptococcus*的相关性较高，相关性系数为0.793（见表7-8）。幼仔的纤维素酶活性与大多数优势真菌呈负相关，说明幼仔肠道中的优势真菌可能不利于大熊猫对纤维素的消化，特别是致病真菌可能会对幼仔的生命健康产生影响。

大熊猫肠道中的*Escherichia-Shigella* 和*Lactobacillus*与蛋白酶活呈现一定的正相关关系（见表7-9）。这与前面的结论具有一致性，也说明大熊猫以奶粉为主食的发育阶段，其肠道中细菌丰度较高，特别是大肠杆菌和乳酸杆菌等，可能更有利于其对蛋白质的消化与利用。

然而大熊猫肠道中脂肪酶和淀粉酶与其肠道优势微生物的相关性不是很明显（见表7-10、表7-11），可能是由于个体主要依靠本身产生的脂肪酶和淀粉酶实现对营养的消化与吸收。

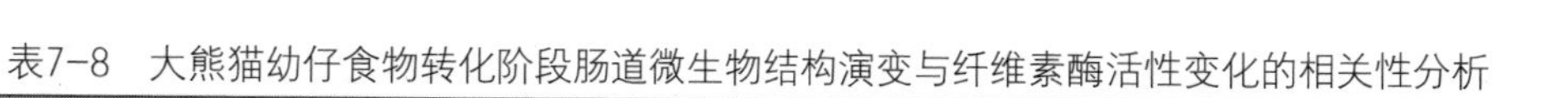

表7-8　大熊猫幼仔食物转化阶段肠道微生物结构演变与纤维素酶活性变化的相关性分析

大熊猫幼仔食物转化阶段肠道微生物结构与纤维素酶活性变化的相关性											
		纤维素酶活性	Escherichia	Lactobacillus	Clostridium	Streptococcus	Montagnulaceae	Ascomycota	Pleosporales	细菌香浓指数	真菌香浓指数
纤维素酶活性	相关性	1.000	-0.525	-0.508	-0.002	0.793	0.451	0.237	-0.354	0.134	-0.636
	显著性（双侧）		0.226	0.245	0.997	0.034	0.310	0.609	0.436	0.775	0.125
	df	0	5	5	5	5	5	5	5	5	5

表7-9　大熊猫幼仔食物转化阶段肠道微生物结构演变与蛋白酶活性变化的相关性分析

大熊猫幼仔食物转化阶段肠道微生物结构演变与蛋白酶活性变化的相关性											
		蛋白酶活性	Escherichia	Lactobac-illus	Clostr-idium	Streptoc-occus	Montagnu-laceae	Ascomyco-ta	Pleospor-ales	细菌香浓指数	真菌香浓指数
蛋白酶活性	相关性	1.000	.414	.370	-0.093	-0.816	-0.368	-0.301	-0.371	-0.089	.665
	显著性（双侧）		0.355	0.414	0.842	0.025	0.416	0.512	0.412	0.850	0.103
	df	0	5	5	5	5	5	5	5	5	5

表7-10 大熊猫幼仔食物转化阶段肠道微生物结构演变与脂肪酶活性变化的相关性分析

大熊猫幼仔食物转化阶段肠道微生物结构演变与脂肪酶活性变化的相关性											
		脂肪酶活性	Escherichia	Lactobacillus	Clostridium	Streptococcus	Montagnulaceae	Ascomycota	Pleosporales	细菌香浓指数	真菌香浓指数
脂肪酶活性	相关性	1.000	0.195	0.263	-0.005	0.448	-0.198	0.360	-0.847	0.495	-0.461
	显著性（双侧）		0.676	0.569	0.991	0.313	0.67	0.427	0.016	0.258	0.297
	df	0	5	5	5	5	5	5	5	5	5

表7-11 大熊猫幼仔食物转化阶段肠道微生物结构演变与淀粉酶活性变化的相关性分析

大熊猫幼仔食物转化阶段肠道微生物结构演变与淀粉酶活性变化的相关性											
		淀粉酶活性	Escherichia	Lactobacillus	Clostridium	Streptococcus	Montagnulaceae	Ascomycota	Pleosporales	细菌香浓指数	真菌香浓指数
淀粉酶活性	相关性	1.000	0.566	0.506	-0.433	-0.167	-0.351	-0.259	-0.117	-0.306	0.107
	显著性（双侧）		0.185	0.246	0.332	0.721	0.440	0.574	0.802	0.505	0.819
	df	0	5	5	5	5	5	5	5	5	5

7.3 讨论

在大熊猫饲养过程中，幼仔的食物转化阶段是关键又危险的时期。大量研究表明在大熊猫育幼过程中，食物转化阶段夭折和生病的案例较多。

我们的研究结果发现，由于食物转化阶段食物品种的逐渐改变，大熊猫肠道中的消化酶也出现渐变的过程。上海和四川大熊猫幼仔的肠道纤维素酶和蛋白酶基本呈现相似的变化规律，而淀粉酶和脂肪酶的变化规律差异较大。这可能与淀粉和脂肪类物质可以通过大熊猫本身的消化系统分解、吸收有关，肠道微生物仅仅是辅助作用。

食物转化阶段，消化酶活性能否随着食物的转化而出现有效的转变，对于熊猫幼仔的生长发育具有重要意义。基因组的分析结果表明，大熊猫本体缺乏纤维素降解酶基因，因此竹子中的纤维素降解，主要依靠肠道微生物中纤维素降解菌的作用。因此在食物转化阶段（特别是添加竹子后），熊猫幼仔肠道微生物中纤维素降解菌的有效进化是其能否有效度过食物转化期的关键因素之一。

本研究结果表明，上海和四川的熊猫幼仔在食物转化阶段与纤维素降解相关菌的进化过程具有一定的相似性，可能和纤维素降解有关的*Streptococcus*菌在添加竹子后均出现显著上升。这说明在低海拔的上海地区，熊猫幼仔在食物中添加竹子后，同样能有效进化出纤维素降解菌，而且纤维素降解能力比高海拔的四川更高。这可能和上海竹子成分（如较高的含N量等）不同于四川有关。具体原因可见第6章的分析。

7.4 本章小结

大熊猫幼仔在食物转化阶段纤维素酶活性的波动较大。8—11月幼仔的肠道纤维素酶活性较低，平均酶活为5.4 U/g；11月—次年2月酶活性明显增加，2—5月纤维素酶活性降低，至13.71 U/g。大熊猫幼仔的蛋白酶活性从8月开始呈现下降趋势，一直到2月达到最低，平均酶活为25.14 U/g，之后幼仔的蛋白酶活性开始增加，5月测得的幼仔的蛋白酶活性恢复到100~150 U/g。脂肪酶和淀粉酶在大熊猫幼仔食物转化阶段无明显的普适性变化规律。

大熊猫幼仔处于食物转化阶段时，其肠道微生物的多样性和微生物数量差异较大。大熊猫幼仔肠道细菌的量随着幼仔舔食窝头、竹笋等其他食物而增加，肠道中细菌多样性在食物转化期随时间减少；大熊猫幼仔真菌的香浓指数在食物转化阶段也存在下降趋势，即真菌多样性在食物转化期减少，而幼仔肠道中真菌总量随着食物添加，特别是在增加竹子摄入量（11月以后）后丰富度不断增加。

大熊猫幼仔在食物转化阶段，某些优势细菌稳定存在于大熊猫肠道中，所以在不同地区幼仔肠道中也存在较稳定的变化规律，主要的优势细菌为*Streptococcus*、*Escherichia-Shigella*、*Clostridium_sensu_stricto_1*、*Lactobacillus*。真菌不同与细菌，没有长期存在于熊猫肠道的微生物，与大熊猫形成共进化的规律性现象不显著。大熊猫幼仔在11月—次年2月的食物转化阶段，开始增加竹子的摄入量，其肠道细菌、真菌的结构也变化显著。

大熊猫幼仔食物转化阶段中，其肠道纤维酶活性和蛋白酶活性与肠道微生物结构关系密切。然而大熊猫肠道中脂肪酶和淀粉酶与其肠道优势微生物的相关性不显著，可能是由于个体主要依靠本身产生的脂肪酶和淀粉酶实现对营养的消化与吸收。

结 论

本书通过分析上海、四川雅安两地大熊猫食物营养的差异，对哺乳期大熊猫优优、芊芊和思雪在上海地区进行适应性饲养，并通过采食量、排便量和幼仔体重来评估适应性饲养的效果。结果显示：夏、秋季上海野生动物园大熊猫食用的箬竹、早园竹、刚竹、淡竹、金镶玉竹、慈孝竹的总磷含量均显著高于雅安刺黑竹。冬、春季上海野生动物园大熊猫食用的箬竹、早园竹、刚竹、淡竹和金镶玉竹的粗蛋白、粗脂肪和总磷含量均显著高于雅安苦竹；慈孝竹的粗蛋白含量显著低于雅安苦竹，总磷含量显著高于苦竹。全年上海野生动物园窝头的钙、总磷和粗灰分含量均显著低于雅安窝头。为此，采用各种竹子混搭方式饲喂大熊猫，并补充适量的钙片、多维，优优、芊芊和思雪3只大熊猫的采食量和排便量不断增加，所产幼仔的180 d体重与雅安研究中心相似状况大熊猫所产幼仔的180 d体重差异不显著。表明上海所采用的低海拔地区哺乳期大熊猫适应性饲养方案是有效的。

通过比较分析上海、四川雅安两地大熊猫幼仔母兽哺育、人工辅助育幼两种育幼方式下的体重、体尺和其他器官的生长发育情况，并采用Chapman生长模型模拟两地大熊猫的生长曲线。结果显示：低海拔地区大熊猫幼仔40 d、60 d和70 d体重显著大于高海拔地区大熊猫幼仔体重，母兽哺育的大熊猫幼仔40 d、60 d和70 d体重显著大于人工辅助育幼的大熊猫幼仔体重，雄性大熊猫幼仔40 d、60 d、70 d和100 d体重显著大于雌性大熊猫幼仔体重。大熊猫幼仔的体长增长最快，其次为腹围，尾长增长最慢。整体而言，无论是高海拔地区，还是低海拔地区，母兽哺育方式下大熊猫幼仔的体尺数据均稍高于人工辅助育幼下大熊猫幼仔体尺数据；而相同育幼方式下，高、低海拔组幼仔体尺之间差异并无明显规律。Chapman生长模型很好地模拟了两地大熊猫幼仔0~120 d生长曲线，且上海野生动物园大熊猫幼仔生长发育规律与栖息地大熊猫幼仔生长发育规律相似。

通过连续记录法和焦点取样法，对上海野生动物园内2只雌性大熊猫在育幼期间的时间分配与活动节律进行初步研究。结果显示：2个体在育幼期间，育幼行为是最主要的行为方式，在育幼前期占90%以上。在整个育幼期间，大熊猫的舔阴和育幼行为呈下降趋势，摄食、休息、活动、求适和其他行为呈上升趋势。但2个体之间也表现出一定差异：育幼经验不足的个体（芊芊）母性强于育幼经验丰富的个体（思雪），在育幼期不同阶段，芊芊用于护仔、舔仔、哺乳和母仔互动的时间均高于思雪。通过对上海野生动物园育幼期大熊猫行为的研究，为圈养育幼期的大熊猫饲养与管理提供科学依据。

通过分析上海及周边地区大熊猫主食竹刚竹属、大明竹属、寒竹属及箣竹属等13种竹子营养成分含量，并对上海野生动物园内2只成年大熊猫思雪和雅奥及两只幼仔大熊猫月月和半半的日均食物摄入量与粪便排出量的营养成分进行了分析。结果显示：上海及周边地区的10种青篱竹族竹子，毛金竹、桂竹、篌竹、淡竹、毛竹、刺竹子、方竹、寒竹、苦竹与斑苦竹都是大熊猫较好的可食用竹。大明竹属斑苦竹和苦竹竹笋可作为上海地区圈养大熊猫春季投喂竹笋的主要竹种，寒竹属刺竹子竹笋可作为秋季投喂竹笋的主要竹种；大明竹属斑苦竹和苦竹、寒竹属方竹和寒竹的竹叶与竹茎可作为上海地区圈养大熊猫四季投喂的主要竹种。本书估算的上海野生动物园4只大熊猫常规营养成分的日均食物摄入量和粪便排出量可作为大熊猫食谱制定中每日需要常规营养成分的参考范围，为今后大熊猫的饲养管理提供新的依据。

通过对上海和四川雅安两地不同发育阶段、不同季节大熊猫肠道纤维素酶活及肠道微生物结构特征分析。结果显示：大熊猫肠道中纤维素酶活性有较大差异。亚成体和成体阶段的纤维素消化规律较一致，而熊猫幼仔的肠道纤维素酶活性的季节性变化规律更加明显且在不同个体之间保持一定的相似性。肠道微生物结构分析发现，幼仔、亚成体、成体大熊猫肠道中优势细菌的种类是一致的，但随着年龄的增长，优势细菌的丰度和占比有所增加。优势真菌随着大熊猫生长发育的变化规律不明显，但无论是细菌还是真菌，在大熊猫的生长发育过程中丰富度都表现为增长，且微生物之间的关系更加密切。研究发现，较复杂的肠道微生物结构更有利于大熊猫消化纤维素。不同地区大熊猫肠道纤维素酶活性差异较大，这表示不同海拔地区的环境因素和食物因素对大熊猫的肠道微生物结构及纤维素酶活性产生了明显的影响。肠道微生物与大熊猫的消化、吸收关系密切，而且随着大熊猫的发育，肠道微生物结构变得复杂，特别是细菌的丰度增加有利于大熊猫对竹子等食物的消化与利用。此外，大熊猫肠道微生物的结构与优势微生物的丰度都和环境因素及食物性质密切关系，季节、海拔、食物氮含量等都会成为影响大熊猫消化能力的限制性因素，通过影响微生物的活性进而影响重要消化酶的活性和消化能力。

通过连续采集上海和四川大熊猫幼仔的粪便样品，分析其四种主要消化酶的活性以及细菌、真菌群落结构，研究了熊猫幼仔处于食物转化期消化酶活性的变化规律，及其与肠道微生物的相关性，以期为优化处于食物转化期熊猫幼仔的饲养技术提供理论依据。结果显示：上海大熊猫幼仔在食物转化期，四种不同消化酶的活性都具有较大波动性。消化酶活性的波动可能主要与熊猫幼仔的食物种类及食物营养成分的变化有关。大熊猫幼仔的食物转化阶段，肠道优势细菌在大熊猫进化过程中长期稳定的存在于大熊猫肠道中，所以在不同地区幼仔肠道中也存在较稳定的变化规律，肠道优势细菌始终保持较高的丰度和比例；同一种细菌可以影响不同的消化酶活性，不同细菌也可共同作用于某种消化酶。此外，真菌不同于细菌，不是长期存在于熊猫肠道的微生物，没有与大熊猫形成共进化的规律性现象。大熊猫肠道中少量的真菌对其消化、吸收是有利的，但真菌的数量快速增长反而会抑制消化酶的活性。大熊猫幼仔食物转化阶段中，其肠道纤维酶活性和蛋白酶活性与肠道微生物结构关系密切。然而大熊猫肠道中脂肪酶和淀粉酶与其肠道优势微生物的相关性不是很明显，可能与个体主要依靠本身产生的脂肪酶和淀粉酶实现对营养进行消化与吸收有关。

本书通过分析低海拔地区大熊猫繁育期间的生活环境、食物种类及营养成分、幼仔生长发育期的行为特征，对比与栖息地是否存在差异，阐明适宜低海拔地区繁育期大熊猫生存的饲养管理技术；通过对上海周边地区不同季节大熊猫可食用竹类与不同生长发育阶段大熊猫粪便进行营养成分分析，提出大熊猫不同季节的最佳食用竹类食物；通过对人工育幼环境指标、大熊猫幼崽健康情况进行监测，探索低海拔地区幼崽健康生长指标；通过研究不同生长发育阶段大熊猫的肠道微生物群落组成与食物消化率，结合生长发育数据，建立大熊猫低海拔地区的健康监测技术。这对中国大熊猫研究中心上海基地大熊猫的种群壮大，以及中国大熊猫保护研究中心种群安全等方面具有重要意义。保护大熊猫，绝不仅仅是拯救一个濒危物种，而是保护大熊猫及其伴生动植物赖以生存繁衍的整个自然生态系统。大熊猫分布区，是全球25个生物多样性保护热点地区之一，也是长江和黄河上游生态安全屏障的重要组成部分，在全国生态总体格局和生态文明建设中具有特殊重要地位。同时，大熊猫是杰出的友谊大使、珍贵的吉祥之物，也是中国的明信片，得到全世界人民的热爱与关注，因此保护大熊猫也具有重要的政治意义。

参考文献

[1] 郭法平. 大熊猫的饲养与管理 [J]. 陕西林业科技，1994（2）：52-54.

[2] 刘定震，张贵权，魏荣平，等. 圈养繁育大熊猫幼仔生长发育规律的研究 [J]. 北京师范大学学报（自然科学版），2001（3）：396-401.

[3] 张安居，何光昕，叶志勇，等. 大熊猫的人工饲养 [J]. 四川动物，1985（1）：43-44.

[4] 大熊猫的疾病与防治 [J]. 动物学报，1974（2）：154-161.

[5] 魏荣平，张和民，张贵权，等. 卧龙大熊猫产后饲养管理 [J]. 四川动物，1997（3）：133-135.

[6] 大熊猫的人工饲养 [J]. 动物学报，1974（2）：148-153.

[7] 郭伟，姚明达，吴登虎，等. 高龄大熊猫繁殖的饲养研究 [J]. 四川动物，2007（1）：91-93.

[8] 廖婷婷. 圈养成年雌性大熊猫（Ailuropoda melanoleuca）体况评分标准与营养需要参考范围的制定 [D]. 南充：西华师范大学，2016.

[9] 袁施彬，屈元元，张泽钧，等. 圈养大熊猫食谱组成与营养成分分析 [J]. 兽类学报，2015（1）：65-73.

[10] 李明喜，黄祥明，王成东，等. 圈养大熊猫常用竹笋营养研究 [J]. 野生动物学报，2018，39（1）：12-18.

[11] 杜有顺. 武汉动物园大熊猫饲养管理与疾病防治研究 [D]. 武汉：华中农业大学，2008.

[12] 大熊猫的繁殖及幼兽生长发育的观察 [J]. 动物学报，1974（2）：139-147.

[13] 王鹏彦，张贵权，魏荣平，等. 提高圈养大熊猫仔兽存活率的研究 [J]. 动物学杂志，2003（5）：58-63.

[14] 黄祥明，李光汉，余建秋，等. 提高大熊猫幼仔存活率的研究 [J]. 兽类学报，2001（4）：318-320+291.

[15] 李德生，张和民，张贵权，等. 卧龙大熊猫人工育幼技术的研究进展 [J]. 应用与环境生物学报，2002（2）：179-183.

[16] Che T D，Wang C D，Jin L，等. Estimation of the growth curve and heritability of the growth rate for giant panda（Ailuropoda melanoleuca）cubs［J］. Genet Mol Res，2015，14（1）：2322–2230.
[17] 由玉岩，刘学锋，张恩权，等. 不同哺育方式对大熊猫幼崽生长发育的影响［J］. 现代农业科技，2012（23）：264+270.
[18] 席焕久，李文慧，温有锋，等. 海拔对儿童和青少年生长发育的影响［J］. 人类学学报，2016（2）：267–282.
[19] 席焕久，温有锋，张海龙，等. 青藏高原与安第斯高原地区儿童青少年的身高、体重和胸围的对比［J］. 人类学学报，2014（2）：198–213.
[20] 刘更寿. 不同海拔对幼年牦牛生长发育的观察［J］. 青海畜牧兽医杂志，2014，44（3）：18–19.
[21] 李德生，张和民，陈猛，等. 提高人工繁殖大熊猫的存活率初探［J］. 兽类学报，1999（4）：317–319+297.
[22] 张志和，侯蓉，余建秋，等. 圈养大熊猫繁育（综述）［C］. 第十届全国生殖生物学学术研讨会，昆明知网，2005.
[23] 侯蓉，黄祥明，李光汉，等. 大熊猫超轻初生幼仔人工哺育初探［J］. 兽类学报，2000（2）：146–150.
[24] Bonney R C，Wood D J，Kleiman D G. Endocrine correlates of behavioural oestrus in the female giant panda（Ailuropoda melaneleuca）and associated hormonal changes in the male［J］. J Reprod Fertil，1982，64（1）：209–215.
[25] 马飞雁，余晓俊，陈珉，等. 圈养獐春夏季昼间行为时间分配及活动节律［J］. 兽类学报，2013，33（1）：28–34.
[26] 胡锦矗，邓其祥，余志伟，等. 大熊猫金丝猴等珍稀动物生态生物学研究［J］. 南充师院学报（自然科学版），1980（02）：1–39+125–132.
[27] 周世强，屈元元，黄金燕，等. 野生大熊猫种群动态的研究综述［J］. 四川林业科技，2017，38（2）：17–30.
[28] 陈绪玲，李裕冬，杨海琼，等. 峨眉山圈养大熊猫夏季昼夜活动节律［J］. 四川林业科技，2017，38（1）：90–91+102.
[29] 何廷美，张贵权，何永果，等. 卧龙圈养大熊猫的周期行为节律［J］. 西华师范大学学报（自然科学版），2004（1）：34–39.
[30] 潘载扬，向左甫，陈超，等. 圈养大熊猫妊娠期行为变化及活动节律研究［J］. 四川动物，2015，34（6）：817–823.
[31] 朱本仁，郭伟，姚敏达. 动物园大熊猫哺育期一月龄内母仔关系的初步研究［J］. 兽类学报，1999（4）：315–316+297.
[32] 何永果，宋仕贤，马凯，等. 哺乳期圈养雌性大熊猫圈舍转移及其育幼行为变化

［J］. 兽类学报，2015，35（3）：342–347.

［33］田丽，周材权，吴孔菊，等. 圈养金钱豹产仔及育幼行为初步观察［J］. 四川动物，2011，30（4）：593–595.

［34］刘定震，房继明，孙儒泳，等. 大熊猫个体不同性活跃能力的行为比较［J］. 动物学报，1998（1）：28–35.

［35］乔征磊，张洪海. 圈养东北虎育幼期的行为观察［J］. 安徽农业科学，2010，38（16）：8470–8471.

［36］Zhu X，Lindburg D G，Pan W，等. The reproductive strategy of giant pandas（Ailuropoda melanoleuca）：infant growth and development and mother–infant relationships［J］. Proceedings of the Zoological Society of London，2010，253（2）：141–155.

［37］薛芮，杨建东，冯菲菲，等. 小熊猫育幼期间时间分配、活动节律以及育幼行为的研究［J］. 四川林业科技，2017，38（2）：59–64.

［38］刘雪卿，张泽钧，魏辅文，等. 圈养小熊猫育幼行为的初步观察［J］. 兽类学报，2003（4）：366–368+294.

［39］Soreng R J，Peterson P M，Romaschenko K，等. A worldwide phylogenetic classification of the Poaceae（Gramineae）［J］. Journal of Systematics & Evolution，2015，53（2）：117–137.

［40］刘选珍，李明喜，余建秋，等. 圈养大熊猫主食竹的氨基酸分析［J］. 经济动物学报，2005，9（1）：30–34.

［41］刘明. 圈养亚成年大熊猫（Ailuropoda melanoleuca）体况评分标准及营养需要参考范围的制定［D］. 南充：西华师范大学，2016.